U0644470

2019 年
全国科技成果统计
年度报告

科学技术部火炬高技术产业开发中心　编著

中国农业出版社

北　京

图书在版编目 (CIP) 数据

2019 年全国科技成果统计年度报告／科学技术部火炬高技术产业开发中心编著． —— 北京：中国农业出版社，2020.9

ISBN 978-7-109-27290-3

I.①2… II.①科… III.①科技成果－研究报告－中国－2019 IV.①G322

中国版本图书馆 CIP 数据核字(2020)第 171110 号

2019 年全国科技成果统计年度报告

2019NIAN QUANGUO KEJI CHENGGUO TONGJI NIANDU BAOGAO

中国农业出版社出版

地址：北京市朝阳区麦子店街 18 号楼

邮编：100125

责任编辑：李 梅　文字编辑：李 梅　刘昊阳

版式设计：杜 然　责任校对：吴丽婷

印刷：中农印务有限公司

版次：2020 年 9 月第 1 版

印次：2020 年 9 月北京第 1 次印刷

发行：新华书店北京发行所

开本：889mm×1194mm 1/16

印张：6

字数：150 千字

定价：120.00 元

2019 年
全国科技成果统计年度报告
编委会

前　言

2019 年全国科技成果统计工作共涉及 31 个省、自治区、直辖市，11 个计划单列市和副省级城市，以及 29 个国务院有关部门、行业协会和中央企事业单位，共登记科技成果 68562 项。

《2019 年全国科技成果统计年度报告》由科技成果总量分析、分类分析、应用及转化情况分析、成果完成人情况分析、成果完成单位情况分析及附表六部分组成，并将科技成果划分为政府项目（即财政资金支持项目）和社会项目（即非财政资金支持项目），分别分析其成果应用、推广形式、技术转让情况等，继续从科技成果转化效果、转化途径、转化过程中得到的政府和科技成果单位的支持、转化的奖励报酬等方面，进行科技成果转移转化的分析，新增大专院校、独立科研机构科技成果转移转化情况的分析，力争从不同角度展示 2019 年度全国登记科技成果的各方面情况，体现我国科研机构、大专院校、企事业单位和科技工作者在各条战线上取得的科研成绩，反映科技成果应用与转化情况，为科技管理决策提供支持服务。

本年度报告在编撰过程中，得到了各地方、各部门科技管理机构的大力支持，在此表示衷心感谢！

本书编委会

二〇二〇年八月

目录 / CONTENTS

第三部分　科技成果应用及转化情况分析

第四部分　科技成果完成人情况分析

第五部分　科技成果完成单位情况分析

第六部分　附表

第一部分

科技成果总量分析

一 总|体|概|况

2019 年,全国科技成果登记工作稳步开展,全年科技成果登记总量持续增加,共登记科技成果 68562 项,涉及的成果完成人员共 463405 人次,科技成果经费累计投入 11363.59 亿元。科技成果登记质量逐年提升,登记的科技成果共产生 113052 项知识产权,其中,已授权专利 96476 项,制定技术标准 1006 项。

1. 成果总量

2019 年,全国共登记科技成果 68562 项,比上年增长(下同) 4.32%。其中,地方登记成果 61534 项,增长 14.23%;国务院有关部门登记成果 7028 项,下降 40.70%。地方登记成果和部门登记成果分别占全国登记科技成果总数的 89.75% 和 10.25%。在各类科技成果中,基础理论成果 7009 项,增长 7.88%;应用技术成果 59903 项,增长 3.97%;软科学成果 1650 项,增长 2.80%(见表 1-1)。

表 1-1　2019 年全国科技成果登记情况

	基础理论成果		应用技术成果		软科学成果		合计	
	成果数(项)	增长(%)	成果数(项)	增长(%)	成果数(项)	增长(%)	成果数(项)	增长(%)
全国合计	7009	7.88	59903	3.97	1650	2.80	68562	4.32
地方	5715	13.12	54473	14.20	1346	20.29	61534	14.23
部门	1294	-10.45	5430	-45.26	304	-37.45	7028	-40.70

2015—2019 年,全国登记的科技成果总量整体呈现上升态势,其中应用技术和基础理论成果总量逐年增长,软科学成果总量有所波动,自 2016 年小幅下降后缓慢回升(见图 1-1)。

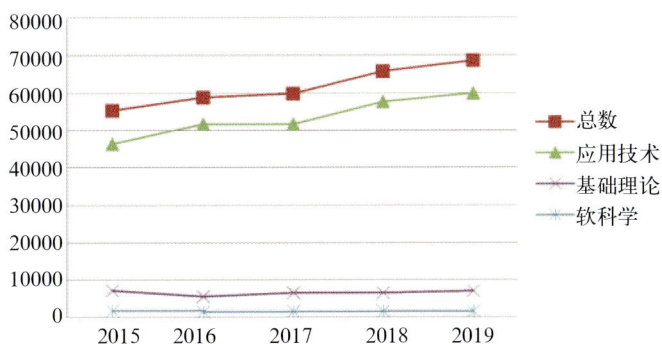

图 1-1　2015—2019 年全国科技成果登记数量趋势图(项)

(1) 地方成果总量构成

2019 年，地方登记的科技成果共 61534 项，占全国科技成果登记总量的 89.75%，增长 14.23%，增长率比上年增长 4.19%。其中，基础理论成果 5715 项，应用技术成果 54473 项，软科学成果 1346 项，分别增长 13.12%、14.20%、20.29%（见表 1-1）。从总量上看，2019 年地方科技成果登记的基础理论科技成果、应用技术成果和软科学成果都有所增长，其中软科学成果增长较多。2015—2019 年，地方登记的科技成果总量呈现逐年增长的趋势，从 2015 年的 45837 项增加到 2019 年的 61534 项，增长 34.25%（见图 1-2）。

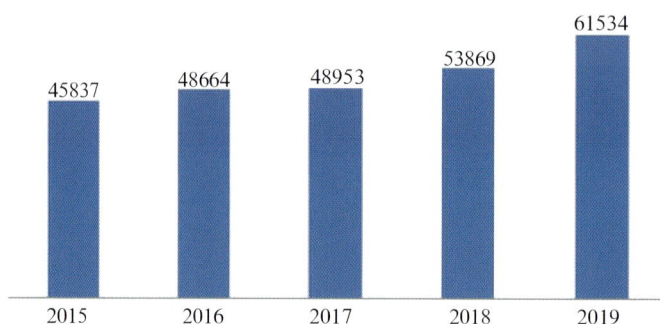

图 1-2　2015—2019 年地方科技成果登记趋势图 (项)

按东、中、西部地区划分，地方科技成果登记中的区域差异反映出科技成果产出的不同体量。中部地区超过东部地区成为科技成果主要产出地，登记科技成果 24914 项，增长 57.36%，占地方登记成果总量的 40.49%；东部地区科技成果产出较上年有小幅下降，登记科技成果 23300 项，降幅 1.62%，占地方登记成果总量的 37.86%；西部地区登记科技成果 13320 项，降幅 7.20%，占地方登记科技成果总量的 21.65%（见表 1-2）。

表 1-2　2018—2019 年地方科技成果东、中、西部地区分布

	2018 年		2019 年		
	成果数 (项)	比例*(%)	成果数 (项)	比例*(%)	增长 (%)
中部地区	15832	29.39	24914	40.49	57.36
东部地区	23683	43.96	23300	37.86	−1.62
西部地区	14354	26.65	13320	21.65	−7.20

注：*指该地区登记成果在当年地方登记科技成果总量中所占的比例

按重点区域经济地带划分，环渤海地区和珠三角地区实现快速增长。环渤海地区仍是科技成果的主要产出地，登记科技成果 9506 项，同比增长 11.84%，占地方登记成果总量的 15.45%。珠三角地区登记科技成果 3839 项，同比增长 3.98%。长

三角地区和东北地区成果登记数量有所下降,登记成果数量为9140项和2578项,降幅分别为11.72%和8.16%,占地方登记成果总量的比例有所下降(见表1-3)。

表1-3　2018—2019年地方科技成果经济地带分布

经济地带	2018 年		2019 年		
	成果数(项)	比例*(%)	成果数(项)	比例*(%)	增长(%)
环渤海	8500	15.78	9506	15.45	11.84
珠三角	3692	6.85	3839	6.24	3.98
长三角	10353	19.22	9140	14.85	−11.72
东北	2807	5.21	2578	4.19	−8.16

注:*指该经济地带登记成果在当年地方登记科技成果总量中所占的比例

(2)部门成果总量构成

2019年,国务院有关部门科技管理机构、行业协会、中央企业等单位的科技成果登记总量与上年相比下降40.70%,基础理论成果、应用技术和软科学成果较上年均有所下降。2019年,部门登记科技成果共7028项,占全国科技成果登记总数的10.25%。其中,基础理论成果1294项,同比下降10.45%,占全国基础理论成果登记总数的18.46%;应用技术成果5430项,下降45.26%,占全国应用技术成果登记总数的9.06%;软科学成果304项,下降37.45%,占全国软科学成果登记总数的18.42%(见表1-4)。

表1-4　2018—2019年部门科技成果构成

	2018 年		2019 年		
	成果数(项)	比例*(%)	成果数(项)	比例*(%)	增长(%)
基础理论成果	1445	22.24	1294	18.46	−10.45
应用技术成果	9920	17.22	5430	9.06	−45.26
软科学成果	486	30.28	304	18.42	−37.45
合计	11851	18.03	7028	10.25	−40.70

注:*指部门登记成果在当年全国登记的同类成果中所占比例

2015—2019年,每年部门登记的科技成果总量在10000项左右,前四年呈平稳增长,2019年出现下滑,较2018年减少4823项(见图1-3)。

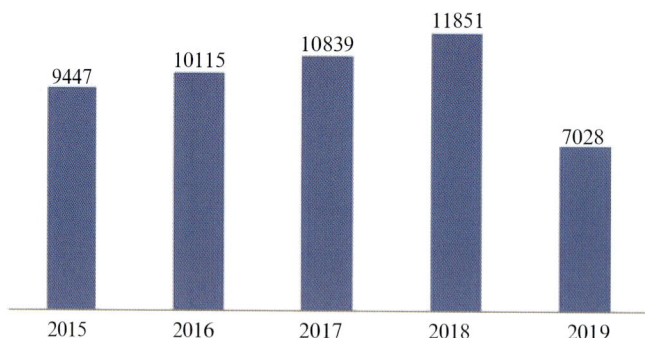

图 1-3　2015—2019 年部门科技成果登记趋势图 (项)

2. 成果分布

2019 年,地方登记的应用技术成果更聚焦在经济领域,约 50% 属于第二产业;部门登记的应用技术成果更聚焦在社会领域,约 70% 属于第三产业。

(1) 地方成果分布

①高新技术领域成果分布

2019 年,地方应用技术成果主要分布在五大高新技术领域,依次是:先进制造(比重为 25.72%),生物医药与医疗器械 (14.96%),新材料 (14.60%),电子信息 (14.14%) 和现代农业 (13.64%),这五大领域成果占地方全部高新技术领域科技成果的 83.06%(见图 1-4)。

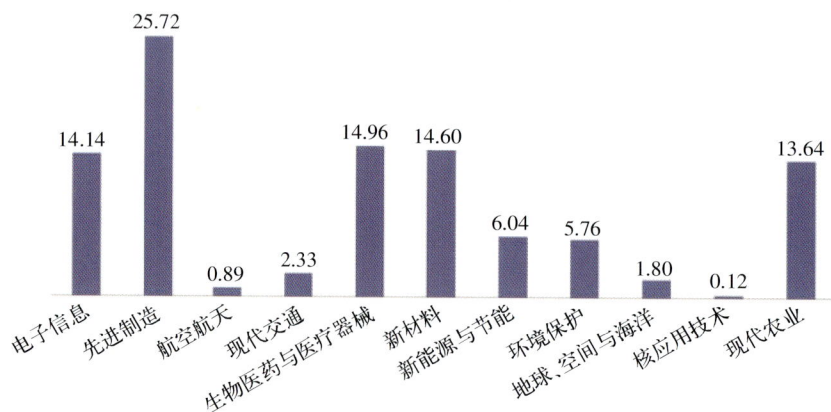

图 1-4　地方应用技术成果高新技术领域分布图 (%)

从东、中、西部地区成果比例分布看,东、中部地区高新技术分布以先进制造类高新技术成果最多,所占比例分别为 23.53%、31.48%;生物医药与医疗器械领域高新技术成果集中在东、西部地区,所占比例为 17.97%、15.98%;现代农业领域高新技术成果相对集中在西部地区,所占比例为 26.62%;新材料类高新技术成果相对集中在东、中部地区,所占比例为 16.67%、15.18%(详见附表 8)。

从主要经济地带分布看,东北地区的高新技术成果主要集中在生物医药与医疗器械以及现代农业领域, 分别占该地区全部高新技术成果的 40.18%和 20.48%;环渤海地区的高新技术成果在生物医药与医疗器械领域最为集中,占该地区全部高新技术成果的 26.01%;长三角地区偏重先进制造和新材料领域,占比分别为 34.55%和 24.96%;珠三角地区偏重电子信息、现代农业、生物医药与医疗器械领域,占比分别为 20.30%、17.59%、17.31%(详见附表 9)。

②非自然、生态和环境领域成果分布

2019 年,地方登记的高新技术成果中,非自然、生态和环境领域的高新技术成果约占七成,为全部高新技术成果的 71.44%,比上年增长 1.23%。

从东、中、西部地区分布看,中部地区的非自然、生态和环境领域的高新技术成果比例最高,为 75.72%,东部和西部分别为 67.77%和 69.69%(详见附表 8)。

从主要经济地带分布看,长三角地区的非自然、生态和环境领域的高新技术成果比例最高,达 78.18%,其次为珠三角地区,占比为 66.64%,环渤海地区占比为 54.84%,东北地区占比为 50.46%(详见附表 9)。

③社会、经济领域与产业成果分布

按社会、经济领域分类统计,2019 年地方应用技术成果在社会领域和经济领域的比例分别为 23.28%、76.72%,经济领域的分布比例与上年相比略有增加。2015—2019 年,地方应用技术成果主要分布在经济领域,且所占比例逐年增加(见图 1-5)。

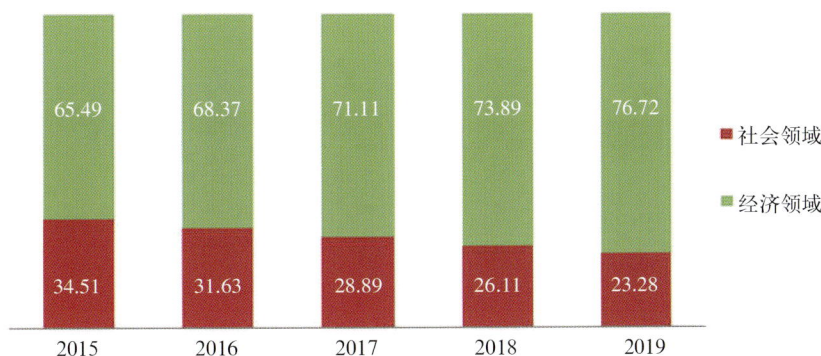

图 1-5 2015—2019 年地方应用技术成果构成图(%)

按应用行业分类统计,第一产业(即农、林、牧、渔业)占 13.79%;第二产业(即采矿业,制造业,电力、热力、燃气及水的生产和供应业,建筑业)占 51.22%;第三产业(即除第一、二产业外的其他行业)的比例达到 34.99%。

(2) 部门成果分布

自然、生态、环境领域的高新技术成果比例有所降低。2019 年,部门登记的自然、生态、环境领域的高新技术成果比例为 40.78%,比上年下降 6.16%(详见附表 10)。

按社会、经济领域分类统计,社会领域技术成果明显高于经济领域。2019 年部门登记的应用技术成果中,接近 2/3 分布在社会领域,1/3 分布在经济领域,与地方应用技术成果的分布正好相反。经济领域成果所占比例为 38.78%,社会领域成果所占比例为 61.22%。

按应用行业分类统计,技术成果主要应用于第三产业。部门登记的应用技术成果 2/3 属于第三产业,所占比例为 69.80%,比上年增长 3.94%;第一产业科技成果所占比例为 4.44%,比上年下降 14.77%;第二产业科技成果所占比例与上年相比增长 10.83%,为 25.76%。

二 应│用│技│术│成│果

1.成果总量

2019 年全国登记的应用技术成果总量比上年有所增长，共登记应用技术成果 59903 项，比上年增长 3.97%，占全国登记成果总数的 87.37%。其中，产业化应用达到 27219 项，已转化项目 15649 项，自我转化科技成果形成的累积总收入为 30006.72 亿元，合作转化收入为 4496.16 亿元，技术转让和技术许可收入为 97.55 亿元。

2015—2019 年，全国登记的应用技术成果总量整体上呈现逐年增长的态势，从 2015 年的 48363 项增加到 2019 年的 59903 项，年均增长 5.50%（见图1−6）。

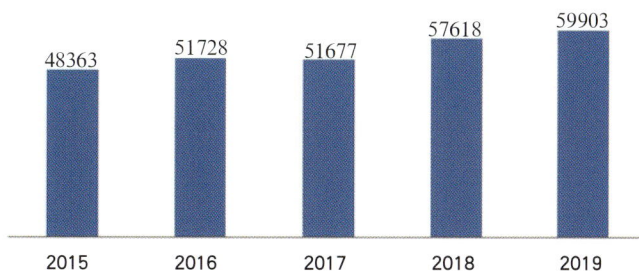

图 1−6　2015—2019 年全国登记的应用技术成果趋势图(项)

2.成果分布

在 2019 年登记的应用技术成果中，高新技术领域科技成果达到 37597 项，占应用技术成果总数的 62.76%。高新技术领域成果主要分布在先进制造、生物医药与医疗器械、电子信息、新材料、现代农业等高新技术领域，这五个领域的应用技术成果达到 30720 项，占高新技术领域科技成果总数的 81.71%（见图1−7）。

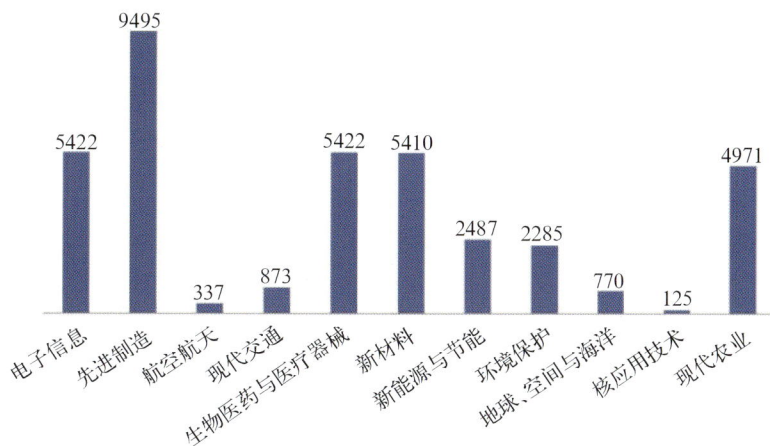

图 1−7　2019 年应用技术成果高新技术领域分布图(项)

在 2019 年登记的高新技术领域科技成果中,自然、生态、环境领域的应用技术成果占 29.16%,较上年有所下降;非自然、生态、环境领域的应用技术成果占 70.84%,呈逐渐上升趋势(详见附表 10)。

按应用行业进行分类统计,第二产业所占比例有一定增长,第一产业、第三产业所占比例较上年有所降低。其中,第一产业 7754 项,约占 12.95%,比上年下降 1.82%;第二产业 29300 项,占 48.91%,比上年增长 4.55%;第三产业 22849 项,占 38.14%,比上年下降 2.73%。

2 基│础│理│论│成│果

1.成果总量

2019 年登记的基础理论成果总量比上年有所增长。全国共登记基础理论成果 7009 项,占全国登记成果总数的 10.22%(见图 1-8)。

2015—2019 年,全国登记的基础理论成果总量基本呈现平稳增长态势,从 2015 年的 5115 项增长到 2019 年的 7009 项,年均增长 8.19%。

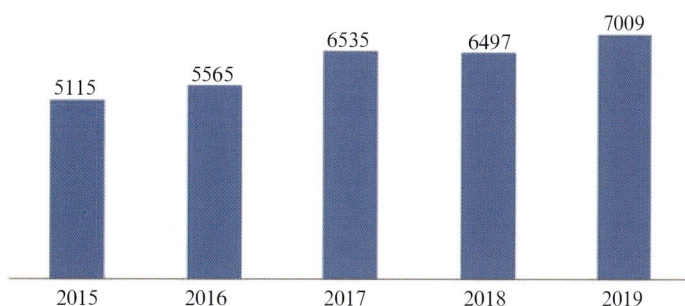

图 1-8　2015—2019 年基础理论成果趋势图(项)

2019 年登记的基础理论成果主要由大专院校、独立科研机构和医疗机构完成,基础理论成果分别为 3180 项、1726 项、1477 项,分别占全部基础理论成果的 45.37%、24.63%和 21.07%。

2.成果分布

从应用行业来看,2019 年登记的基础理论成果主要集中在卫生和社会工作,科学研究和技术服务业,农、林、牧、渔业三个领域,所占比例分别达到 37.57%、29.13%和 14.06%(见表 1-5)。

表 1-5 2019 年基础理论成果应用行业分布

应用行业	所占比例(%)
农、林、牧、渔业	14.06
采矿业	1.08
制造业	3.73
电力、热力、燃气及水的生产和供应业	1.16
建筑业	1.12
交通运输、仓储和邮政业	1.08
批发和零售业	0.03
金融业	0.24
房地产业	0.01
信息传输、软件和信息技术服务业	4.78
住宿和餐饮业	0
租赁和商务服务业	0.01
科学研究和技术服务业	29.13
水利、环境和公共设施管理业	3.60
居民服务、修理和其他服务业	0.10
教育	1.48
卫生和社会工作	37.57
文化、体育和娱乐业	0.27
公共管理、社会保障和社会组织	0.52
国际组织	0.03
合计	100

四 软科学成果

1.成果总量

2019 年全国登记的软科学成果 1650 项,比上年增长 2.80%,占全国登记成果总数的 2.41%。大专院校和独立科研机构是软科学成果的主要完成单位,成果总量分别为 448 项和 436 项,占全部软科学成果的 27.15% 和 26.42%。

2015—2019 年,软科学科技成果总量有所波动,自 2016 年小幅下降后缓慢回升,呈现逐年增长态势(见图 1-9)。

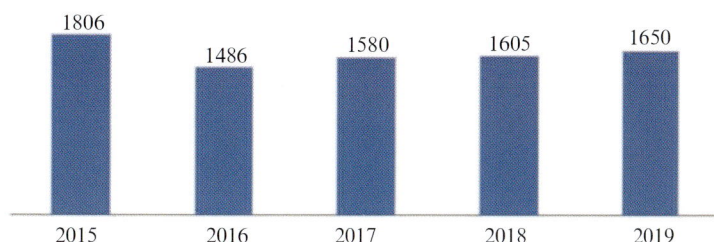

年份	2015	2016	2017	2018	2019
数值	1806	1486	1580	1605	1650

图 1-9 2015—2019 年全国登记的软科学成果趋势图(项)

2.成果分布

从应用行业来看,2019 年登记的软科学成果主要分布在卫生和社会工作,科学研究和技术服务业,公共管理、社会保障和社会组织三个行业,所占比例分别为 20.96%、20.63% 和 10.41%(见表 1-6)。

表 1-6　2019 年软科学成果应用行业分布

应用行业	所占比例(%)
农、林、牧、渔业	6.54
采矿业	2.54
制造业	4.27
电力、热力、燃气及水的生产和供应业	2.54
建筑业	1.87
交通运输、仓储和邮政业	2.87
批发和零售业	0.13
金融业	1.80
房地产业	0.33
信息传输、软件和信息技术服务业	7.61
住宿和餐饮业	0.40
租赁和商务服务业	0.47
科学研究和技术服务业	20.63
水利、环境和公共设施管理业	8.01
居民服务、修理和其他服务业	0.73
教育	4.01
卫生和社会工作	20.96
文化、体育和娱乐业	3.81
公共管理、社会保障和社会组织	10.41
国际组织	0.07
合计	100

第二部分

科技成果分类分析

一 总体概况

1.成果来源

2019 年全国登记的科技成果仍以各级财政支持的各类计划项目成果为主。其中,来源于各级科技计划(包括国家科技计划、部门科技计划和地方科技计划)项目的成果 28490 项,占 41.55%;自选项目成果 32292 项,占 47.10%;其他(包括部门基金、地方基金、民间基金、国际委托、横向委托和其他) 成果 7780 项,占 11.35%。各级科技计划项目中,国家科技计划项目成果占全国科技成果登记总量的 8.30%,地方科技计划项目成果占 25.96%,部门科技计划项目成果占 7.29%(见图 2-1)。国家科技计划项目成果中,自然科学基金项目 2761 项,占登记总量的 4.03%;科技重大专项项目 308 项,占 0.45%;国家科技支撑计划项目 367 项,占 0.54%;高技术研究发展计划项目 238 项,占 0.35%。

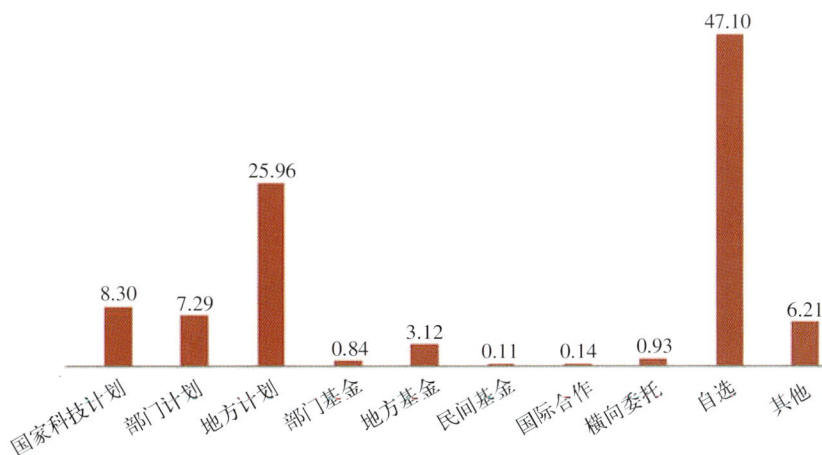

图 2-1 全国科技成果来源构成图(%)

(1)科技计划项目成果的完成单位分布

2019 年,各级科技计划项目成果完成单位主要集中在企业、独立科研机构和大专院校。其中,企业 8506 项,所占比例最高,达到 29.86%,比上年增加 2.78%;独立科研机构 5742 项,占比为 20.15%;大专院校 5689 项,占比为 19.97%(见表2-1)。

表 2-1 2019 年科技计划项目成果完成单位构成 (项)

项目名称	合计	独立科研机构	大专院校	企业	医疗机构	其他
国家科技计划	5691	1600	2432	778	672	209
部门计划	4998	983	413	1041	442	2119
地方计划	17801	3159	2844	6687	4015	1096
合计	28490	5742	5689	8506	5129	3424

国家计划项目成果中大专院校完成的成果所占比例最高,达到 42.73%,比上年下降 8.13%。部门计划项目成果中除科研机构、大专院校、企业和医疗机构以外的其他类型单位所占的比例最高,为 42.40%;其次是企业,为 20.83%。地方计划项目成果中企业所占的比例最高,为 37.57%,比上年下降 4.05%;医疗机构、独立科研机构和大专院校的比例分别为 22.55%、17.74%和 15.98%(见图 2-2)。

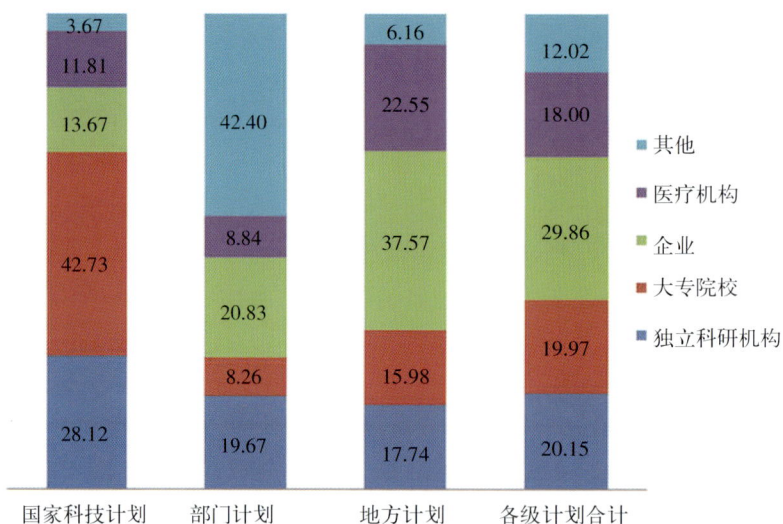

图 2-2　科技计划项目成果的完成单位构成图(%)

(2) 自选类项目成果的完成单位分布

自选类项目成果的完成单位主要为企业。完成成果 24883 项,占自选类项目成果的 77.06%;其次是大专院校和独立科研机构,完成成果 3055 项和 2379 项,占比分别为 9.46%和 7.37%(见图 2-3)。

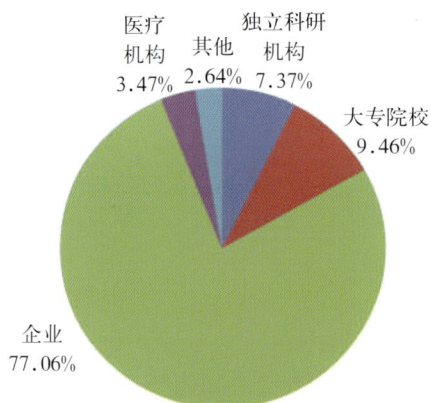

图 2-3　自选类项目成果不同属性单位构成图

2.成果评价方式

科技成果评价方式主要以评价机构评价和验收方式为主。由评价机构进行评价的成果所占比例达到 34.54%，较上年上升 8.61%；验收项目所占比例为31.74%，较上年下降 9.32%；鉴定项目所占比例为 17.30%，较上年下降 1.62%。各类科技成果评价方式中，评审、行业准入、评估、结题、知识产权授权等评价方式所占比例之和仅为 16.42%。其中，以知识产权授权方式进行科技成果评价的成果数为 4518 项(见表 2−1)。

2015—2019 年，科技成果的评价方式发生重大转变，评价机构评价方式逐渐成为主流，通过机构评价方式登记的科技成果从 2015 年占 13.58%，增长到 2019 年的 34.54%，增长了 20.96%。通过鉴定方式登记的科技成果所占比例从 2015 年的 44.27%降至 17.30%，验收方式登记的科技成果所占比例从 2015 年的 32.24%降至 31.74%(见表 2−2)。

表 2−2 2015—2019 年科技成果评价方式构成

成果评价方式	2015 年		2016 年		2017 年		2018 年		2019 年	
	成果数(项)	构成(%)	成果数(项)	构成(%)	成果数(项)	构成(%)	成果数(项)	构成(%)	成果数(项)	构成(%)
鉴定	24480	44.27	21871	37.21	14178	23.71	12434	18.92	11864	17.30
验收	17823	32.24	22693	38.61	25288	42.29	26985	41.06	21761	31.74
评审	1181	2.14	1113	1.89	1056	1.77	662	1.01	671	0.98
行业准入	1012	1.83	953	1.62	1137	1.90	3799	5.78	1153	1.68
评估	1198	2.17	992	1.69	1292	2.16	1458	2.22	982	1.43
结题	2085	3.77	2215	3.77	2714	4.54	3340	5.08	3933	5.74
评价机构评价	7505	13.58	8942	15.21	14127	23.63	17042	25.93	23680	34.54
知识产权授权	—	—	—	—	—	—	—	—	4518	6.59

注：①知识产权授权：指依法获得专利、软件著作权、植物新品种登记、集成电路布图设计等知识产权。
②知识产权授权项目数：指依法获得专利、软件著作权、植物新品种登记、集成电路布图设计等知识产权的科技成果项数。

3.知识产权情况

在 2019 年度登记的科技成果中，共产生 113052 项知识产权(包含已授权和已受理)。其中，已授权专利数为 96476 项，占 85.34%。在 113052 项知识产权中，企业拥有知识产权的科技成果居首位，为 69773 项，占比 61.72%；大专院校居第二位，为 19530 项，占 17.28%。从知识产权类型看，发明专利和实用新型专利为主要类型，两者之和达到 95263 项，占比达到 84.26%(见表 2−3)。

表 2-3　2019 年科技成果知识产权构成

	合计	独立科研机构	大专院校	企业	其中：科研转制企业	医疗机构	其他
知识产权数 (项)	113052	14973	19530	69773	2138	4847	3929
其中：发明专利数 (项)	55929	9065	12586	31773	1108	1065	1440
实用新型专利数 (项)	39334	3486	4944	28852	698	1026	1026
外观设计专利数 (项)	1980	138	66	1704	14	37	35
软件著作权数 (项)	7653	813	1042	4927	211	181	690
其他 (项)	8156	1471	892	2517	107	2538	738
已授权专利数 (项)	96476	10451	15208	67038	2369	1670	2109

4.成果获奖情况

2019 年度获得国家科学技术奖励的成果共有 296 项。其中,国家自然科学奖 46 项,其中一等奖 1 项,二等奖 45 项;国家技术发明奖项目 65 项,其中一等奖 3 项、二等奖 62 项;国家科学技术进步奖项目 185 项,其中特等奖 3 项、一等奖 22 项、二等奖 160 项。此外,授予 2 名科学家国家最高科学技术奖、10 名外籍专家中华人民共和国国际科学技术合作奖。

表 2-4　2019 年度国家科学技术奖励获奖情况

	特等奖 (项)	一等奖 (项)	二等奖 (项)	合计 (项)
国家自然科学奖	—	1	45	46
国家技术发明奖	—	3	62	65
国家科学技术进步奖	3	22	160	185

2 应用技术成果分析

1.成果来源

2019年全国登记的应用技术成果59903项,其中地方登记成果54473项,占比90.94%;部门登记成果5430项,占比9.06%。

应用技术成果主要来自自选课题和地方计划,二者分别占55.07%和25.97%;部门计划占5.19%(见图2-4)。

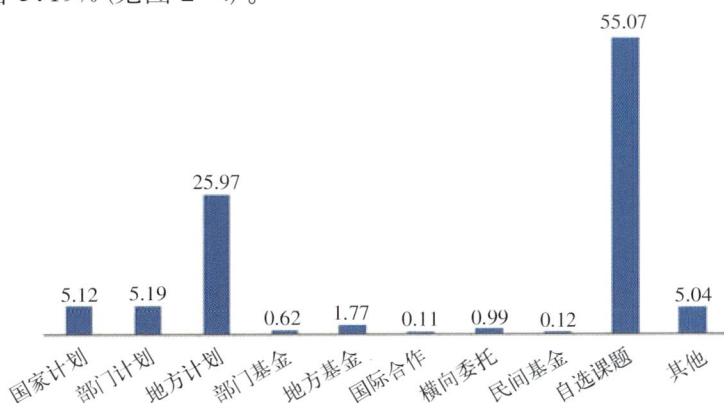

图 2-4 应用技术成果来源构成(%)

2.成果评价方式

2019年,登记的应用技术成果以机构评价、验收和鉴定为主要评价方式。验收成果所占比例为29.37%,较上年下降4.62%;鉴定成果所占比例为19.79%,较上年下降3.94%;第三方科技成果评价机构进行评价的应用技术成果所占比例较上年提高7.47%,达到39.56%。行业准入和评估方式评价的成果所占比例较低(见图2-5)。

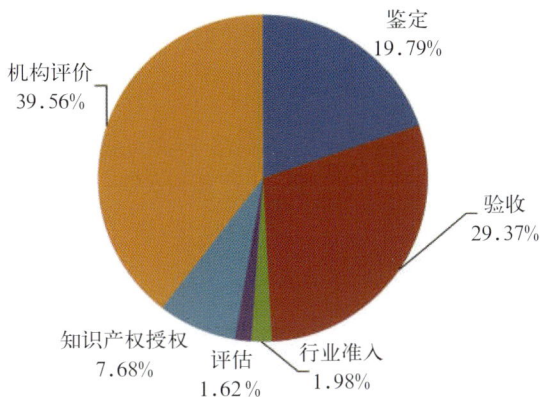

图 2-5 2019年应用技术成果评价方式构成

3.成果体现形式

2019 年登记的应用技术成果仍以新技术、新产品为主要体现形式。新技术成果占比较上年略有下降,为 53.38%,居各类技术成果首位。新产品成果占比与上年持平,居各类技术成果第二位,所占比例为 23.70%。农业、生物新品种,矿产新品种,新装备及其他应用技术成果较上年均实现增长(见表 2-5)。

表 2-5　2015—2019 年应用技术成果的比例分布(%)

成果体现形式	2015 年	2016 年	2017 年	2018 年	2019 年
新技术	54.44	56.62	54.07	56.35	53.38
新工艺	6.45	6.79	6.48	6.88	6.78
新产品	21.74	22.35	25.20	23.70	23.70
新材料	2.14	2.64	2.35	2.21	1.99
农业、生物新品种	2.86	3.49	3.15	2.24	2.35
矿产新品种	0.04	0.02	0.02	0.03	0.04
新装备	1.66	2.05	2.55	3.63	6.66
其他应用技术	10.67	6.04	6.18	4.96	5.10
合计	100	100	100	100	100

从东、中、西部地区成果分布来看,三个地区的应用技术成果体现形式均以新技术为主,所占比例最高,均为一半左右。其中,中部地区新技术所占比例最高,达到 55.31%,其次是西部地区和东部地区,占比分别为 54.83% 和 48.00%。新产品成果居三个地区第二位,以东部地区居多,占比为 36.94%。

从主要经济地带分布看,新技术较高的地区依次为东北、环渤海、珠三角地区,所占比例分别为 65.16%、64.95% 和 53.98%,均高于新产品所占比例。长三角地区新产品明显高于新技术,所占比例达到 59.70%,较新技术高出 29.82%。东北地区农业、生物新品种所占比例超过其他地区,达到 5.55%(见表 2-6)。

表 2-6　2019 年应用技术成果的区域分布（%）

成果体现形式	东部	中部	西部	环渤海	长三角	珠三角	东北
新技术	48.00	55.31	54.83	64.95	29.88	53.98	65.16
新工艺	4.58	8.31	7.69	5.57	3.02	6.45	4.38
新产品	36.94	16.63	18.05	17.55	59.70	25.28	15.59
新材料	2.19	1.93	1.62	1.86	2.30	2.60	2.04
农业、生物新品种	1.69	1.99	4.86	2.20	0.94	2.39	5.55
矿产新品种	0.01	0.02	0.03	0.01	0	0.07	0
新装备	1.64	12.44	4.30	1.49	1.44	2.14	1.12
其他应用技术	4.95	3.37	8.62	6.37	2.72	7.09	6.16
合计	100	100	100	100	100	100	100

　　从成果完成单位类型看，医疗机构的新技术、新产品成果居首位。医疗机构新技术成果所占比例为 77.12%，新产品所占比例为 4.28%，二者合计为 81.40%；大专院校新技术成果所占比例为 67.42%，新产品所占比例为 12.89%，二者合计为 80.31%；企业科技成果中新产品所占比例为 31.94%，明显高于其他类型的完成单位；独立科研机构成果中新技术所占比例为 58.69%，其次为新产品和农业、生物新品种，所占比例分别为 12.08% 和 9.59%（见表 2-7）。

表 2-7　2019 年应用技术成果的完成单位构成（%）

成果体现形式	独立科研机构	大专院校	企业	医疗机构	其他
新技术	58.69	67.42	45.47	77.12	59.59
新工艺	5.70	7.19	8.13	0.78	3.16
新产品	12.08	12.89	31.94	4.28	12.57
新材料	2.09	2.75	2.11	0.45	1.46
农业、生物新品种	9.59	1.63	1.43	0.14	3.16
矿产新品种	0.14	0.05	0.01	0	0.17
新装备	5.29	2.29	8.89	0.34	5.12
其他应用技术	6.42	5.78	2.02	16.89	14.77
合计	100	100	100	100	100

4. 技术标准构成

2019 年登记的应用技术成果中,以技术标准体现的有 1006 项。其中,地方标准、行业标准和企业标准的比例分别为 45.83%、23.26% 和 15.21%;国家标准和国际标准所占比例较少,分别为 13.22% 和 2.48%(见图 2—6)。与上年相比,地方标准增加 89 项,其他标准共减少 255 项,其中,行业标准减少 119 项,国家标准、企业标准和国际标准分别减少 97 项、22 项和 17 项。

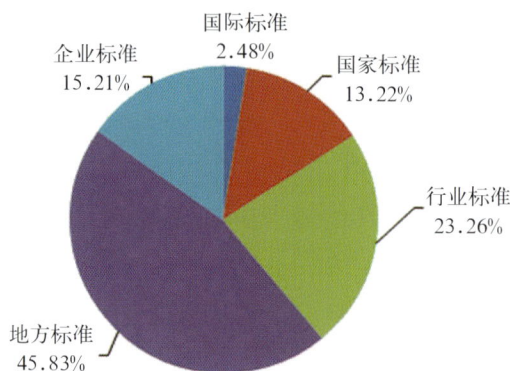

图 2—6　2019 年技术标准构成图

2015—2019 年,应用技术成果的技术标准以国家标准体现的比例为 13%~24%,2019 年为 13.22%;以行业标准体现的科技成果比例基本为 23%~32%,2019 年为 23.26%;以地方标准体现的科技成果比例呈逐年上升趋势,2019 年为 45.83%,上升了 25.23%(见表 2—8)。

表 2—8　2015—2019 年应用技术成果技术标准构成(%)

技术标准	2015 年	2016 年	2017 年	2018 年	2019 年
国际标准	4.65	6.32	3.70	3.58	2.48
国家标准	16.26	23.95	20.59	19.63	13.22
行业标准	31.90	31.95	27.70	30.12	23.26
地方标准	20.60	23.88	30.57	31.74	45.83
企业标准	26.59	13.90	17.44	14.93	15.21
合计	100	100	100	100	100

从成果完成单位构成看,在独立科研机构制订的标准中,地方标准所占比例最高,占 74.53%,其次是国家标准和行业标准,比例分别为 12.36% 和 8.24%。大专院校制订的技术标准中, 地方标准和行业标准的比例较高, 分别为 60.26% 和 24.50%。企业制订的技术标准中以企业标准为主,比例达到 42.69%,其次是国家标准、行业标准、地方标准,比例分别为 18.97%、17.39% 和 17.39%。医疗机构的技术

标准中以行业标准为主,比例达到56.96%,其次是地方标准和国家标准,分别为26.58%和7.60%(见表2-9)。

表2-9　不同类型成果完成单位应用技术成果标准构成(%)

技术标准	独立科研机构	大专院校	企业	医疗机构	其他
国际标准	1.12	1.33	3.56	6.33	0.57
国家标准	12.36	4.64	18.97	7.60	18.64
行业标准	8.24	24.50	17.39	56.96	23.16
地方标准	74.53	60.26	17.39	26.58	48.02
企业标准	3.75	9.27	42.69	2.53	9.61
合计	100	100	100	100	100

5.成果所处阶段

2019年全国登记的59903项应用技术成果中,处于成熟应用阶段的成果占61.76%,比上年下降5.77%;处于初期阶段和中期阶段的成果所占比例分别为21.85%和16.39%。2015—2019年,应用技术成果处于成熟应用阶段的比例基本保持在60%以上;处于初期阶段和中期阶段的成果所占比例总体呈上升趋势(见表2-10)。

表2-10　2015—2019年应用技术成果所处阶段分布

类别	2015年		2016年		2017年		2018年		2019年	
	成果数(项)	比例(%)	成果数(项)	比例(%)	成果数(项)	比例(%)	成果数(项)	比例(%)	成果数(项)	比例(%)
初期阶段	8618	17.82	9294	17.96	9317	18.03	10847	18.83	13086	21.85
中期阶段	6825	14.11	7255	14.03	6861	13.28	7862	13.64	9820	16.39
成熟应用阶段	32920	68.07	35179	68.01	35499	68.69	38909	67.53	36997	61.76
合计	48363	100	51728	100	51677	100	57618	100	59903	100

从应用技术成果完成单位类型看,企业完成的科技成果的成熟应用比率最高,达到70.90%;医疗机构次之,达到52.52%;独立科研机构居第三位,达到50.01%;大专院校最低,仅为33.02%,低于企业37.88%(见图2-7)。

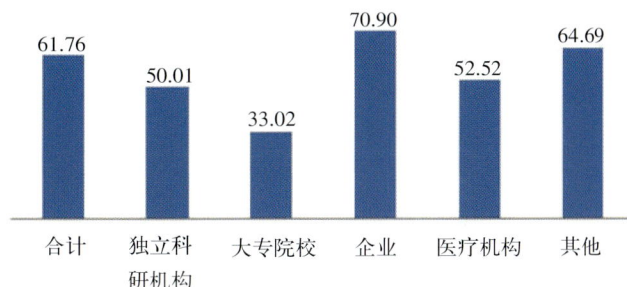

图2-7　不同类型完成单位的科技成果成熟应用比例(%)

2 基│础│理│论│成│果│分│析

1.成果来源

2019 年,基础理论成果的主要来源仍以科技计划项目为主,占比达到 71.83%。其中,国家科技计划项目成果比例达到 38.09%,地方科技计划项目成果比例达到 29.73%,比上年增长 6.88%。地方项目(含地方计划和地方基金项目)比例比上年增长 6.77%,占 45.08%;部门项目(含部门计划和部门基金项目)所占比例为 6.94%(见图 2-8)。

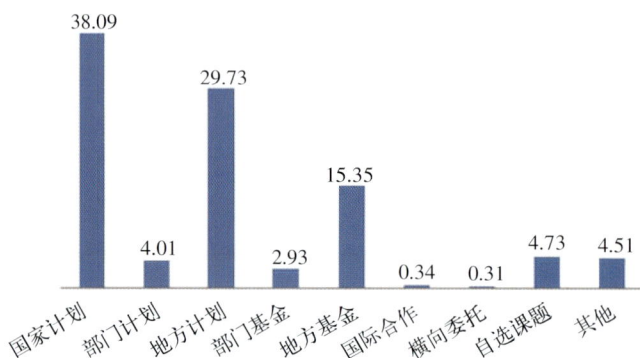

图 2-8　2019 年基础理论成果来源构成(%)

2.成果评价方式

结题、验收仍为基础理论成果的主要评价方式。其中,结题方式所占比例为 51.64%,比上年上升 3.13%;验收方式所占比例为 36.06%,比上年下降 0.93%;机构评价和评审方式所占比例偏低,为 6.92% 和 5.38%(见图 2-9)。

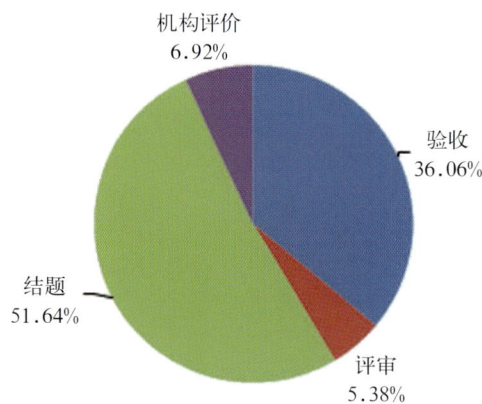

图 2-9　2019 年基础理论成果评价方式占比

四 软科学成果分析

1.成果来源

来自地方登记的软科学成果增幅明显。2019 年,地方登记的软科学成果增长20.29%,部门登记的软科学成果下降 37.45%。从对各个地方和部门上报到国家科技成果库的软科学成果的统计看,地方项目(地方计划和地方基金项目)占63.25%,比上年增加 11.48%;部门项目(部门计划和部门基金项目)占 11.72%,比上年下降 9.64%;国家计划项目占 5.02%,比上年略有降低。国家计划、部门计划和地方计划项目成果合计占软科学成果总数的 73.22%,与上年基本持平(见图 2—10)。

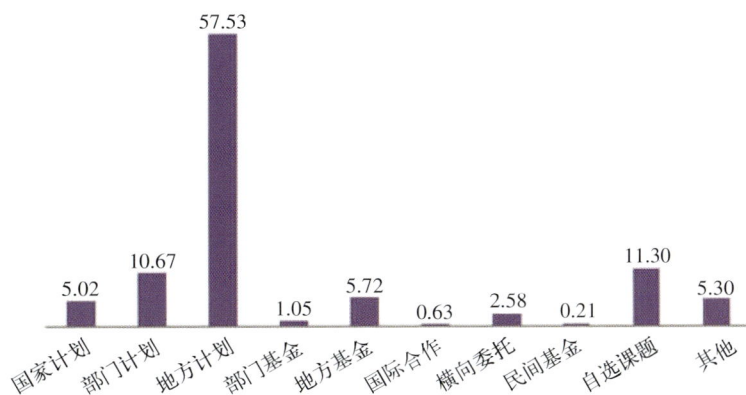

图 2—10 2019 年软科学成果来源构成(%)

2.成果评价方式

软科学成果的评价方式以验收为主,所占比例为 52.35%,较上年下降 9.63%。其次为结题和评审方式,所占比例分别为 19.74%和 18.21%。评审方式的成果在全部软科学成果中的占比较上年变化不大,为 18.21%;评价方式为结题的成果所占比例比上年增长 4.25%;机构评价所占比例较低,为 9.70%(见图 2—11)。

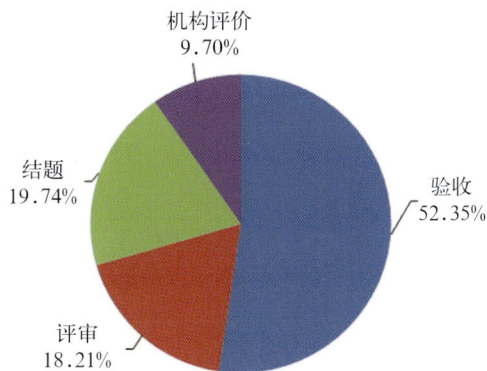

图 2—11 2019 年软科学成果评价方式

第三部分

科技成果应用及转化情况分析

一　总｜体｜概｜况

2019 年登记的 59903 项应用技术成果中,产业化应用的成果数达到 27219 项,所占比例最高,为 45.44%,其中由企业完成的科技成果占 75.18%;小批量或小范围应用的成果数 18970 项,占全部应用技术成果的 31.67%,其中由企业完成的占52.25%;试用成果数 5808 项,占全部应用技术成果的 9.70%,其中由企业完成的占41.00%;未应用的成果数 7766 项,占全部应用技术成果的 12.96%;应用后停用的成果 140 项,占比 0.23%(见图 3-1)。未应用或应用后停用的科技成果中,由大专院校和独立科研机构完成的比例达到 47.85%。

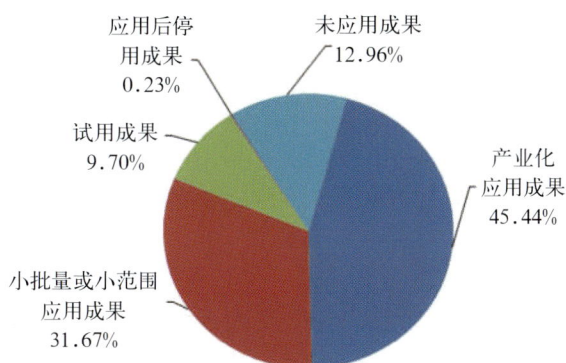

图 3-1　2019 年应用技术成果应用状态分布比例

2015—2019 年,登记的应用技术成果产业化应用的比例一直居于高位,所占比例为 45%~57%,2019 年占比下滑至 45.44%,同比降幅为 9.02%。小批量或小范围应用成果所占比例较为平稳,整体上呈上升趋势,2019 年上升 6.45%。未应用成果的比例从 2015 年的 5.86%上升至 2019 年的 12.96%,上升了 7.1%(见表 3-1)。

表 3-1　2015—2019 年应用技术成果应用状态分布(%)

成果应用情况	2015 年	2016 年	2017 年	2018 年	2019 年
产业化应用	57.62	57.61	56.34	54.46	45.44
小批量或小范围应用	27.63	27.65	28.57	25.22	31.67
试用	8.78	8.83	8.53	10.73	9.70
应用后停用	0.11	0.15	0.16	0.24	0.23
未应用	5.86	5.76	6.40	9.35	12.96
合计	100	100	100	100	100

应用技术成果中未应用或停用的影响因素较多。资金问题是首要问题,所占比例为 35.71%;其次是管理问题、技术问题和市场问题,所占比例分别为 25.00%、19.37%、16.64%;政策因素所占比例相对较低,为 3.28%(见图 3—2)。

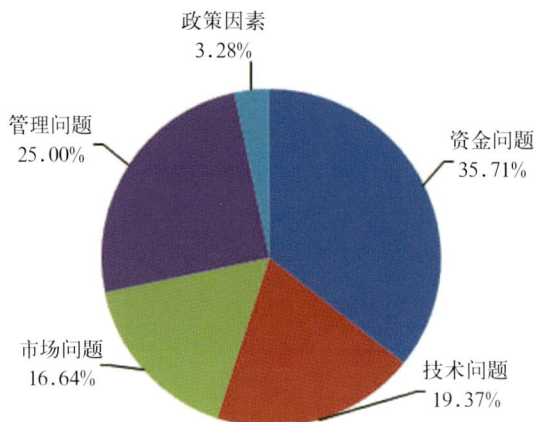

图 3—2　2019 年成果未应用或停用原因比例分布

2015—2019 年,影响应用技术成果转化、使用或停用的原因由主要是资金问题和技术问题,向主要是资金问题和管理问题转变。资金问题的影响占比一直在 30% 以上,管理问题的影响占比从 2015 年的 19.46% 增长到 25.00%,技术问题的影响占比从 2015 年的 30.23% 下降到 2019 年的 19.37%,表明技术因素影响科技成果转化应用的局面有所缓解。值得一提的是,政策因素的影响从 2015 年的 7.38% 降为 2019 年的 3.28%,表明政策环境逐渐优化,对科技成果转化应用的制约正逐步减弱(见表 3—2)。

表 3—2　2015—2019 年成果未应用或停用原因比例分布(%)

	2015 年	2016 年	2017 年	2018 年	2019 年
资金问题	30.19	30.19	35.80	36.53	35.71
管理问题	19.46	19.79	14.28	12.77	25.00
技术问题	30.23	31.26	29.42	23.01	19.37
市场问题	12.74	12.01	11.61	21.30	16.64
政策因素	7.38	6.75	8.89	6.39	3.28
合计	100	100	100	100	100

1.各地区成果应用情况

从东、中、西部地区分布看,2019 年东部地区产业化应用的成果略有增长,中、西部地区均有不同程度的下降。其中,东部地区产业化应用的成果比例最高,为 55.44%,比上年增长 0.83%;西部地区产业化应用的成果比例为 33.37%,比上年下降 20.40%;中部地区产业化应用的成果比例为 41.30%,比上年下降 3.14%。

从东、中、西部地区成果未应用的情况看,东部地区成果未应用或停用的主要原因是技术问题,所占比例为 34.45%;其次是资金问题,所占比例为 25.69%。中部地区,成果未应用或停用的主要原因是资金问题,其次是市场问题。西部地区的主要原因则是管理问题,其次是资金问题。市场问题和政策因素也是影响成果未能应用的原因,但与资金、管理和技术问题相比较来说,所占比例较低,是次要因素。

从主要经济地区看,长三角地区产业化应用成果比例最高,为 70.13%,较上年增长 2.98%;环渤海地区比上年增长 3.89%;珠三角地区和东北地区产业化应用成果比例较上年有所降低,东北地区产业化应用成果所占比例最低,为 30.46%,比上年下降 3.42%(见表 3-3)。

表 3-3　2018—2019 年地区产业化应用的成果比例分布(%)

地区	2018 年	2019 年
东部	54.61	55.44
中部	44.44	41.30
西部	53.77	33.37
环渤海	41.71	45.60
长三角	67.15	70.13
珠三角	46.88	42.41
东北	33.88	30.46

从主要经济地区成果未应用情况看,环渤海地区的最主要问题是技术问题,其次是资金问题,这两个因素导致未应用或停用的科技成果所占比例达到 65.20%;长三角地区成果未应用受技术问题和管理问题影响较大,资金问题相对并不突出;珠三角地区成果未应用的主要问题是资金问题,其次是技术问题;东北地区成果未应用或停用的原因除主要是资金问题外,管理问题也较为突出。相对而言,主要经济地区科技成果转化应用中存在的市场问题和政策制约相对较小(见表 3-4)。

表 3-4　2019 年地区成果未应用及应用后停用原因的比例分布(%)

	东部	中部	西部	环渤海	长三角	珠三角	东北
资金问题	25.69	49.19	25.79	26.68	19.32	29.51	34.16
技术问题	34.45	14.96	16.29	38.52	34.09	28.82	16.87
市场问题	11.51	20.75	11.62	8.12	10.61	17.36	11.93
管理问题	21.12	13.31	43.53	18.33	31.44	16.32	33.75
政策因素	7.23	1.79	2.77	8.35	4.54	7.99	3.29
合计	100	100	100	100	100	100	100

2. 各行业成果应用情况

从各行业产业化应用成果所占比例来看,批发和零售业成果的产业化应用比例较高,达到 77.25%;应用于金融业、房地产业、国际组织的成果比例为 60%~70%;制造业,采矿业,交通运输、仓储和邮政业,文化、体育和娱乐业的产业化应用成果比例为 50%~60%;其他行业的产业化应用成果比例在 50%以下(见附表 11)。

技术成果未应用的行业主要集中在居民服务、修理和其他服务业,信息传输、软件和信息技术服务业,租赁与商务服务业,住宿和餐饮业等行业,未应用成果比例分别为 39.42%、31.77%、25.93% 和 23.81%(见附表 11)。

从成果未应用的主要原因来看,居民服务、修理和其他服务业主要是资金问题和市场问题,这两个因素导致该行业未应用或停用的成果所占比例达到 86.67%;信息传输、软件和信息技术服务业的主要问题是管理问题和资金问题,占比为 40.54% 和 30.41%;住宿和餐饮业主要是资金问题,所占比例高达 76%(见附表 12)。

3. 高新技术领域成果应用情况

在 2019 年登记的高新技术领域成果中,新材料成果产业化应用比例最高,达到 68.64%;其次是先进制造领域,产业化应用成果的比例达到 61.57%;航空航天、新能源与节能、电子信息、环境保护领域的产业化应用成果比例为 50%~60%;其他高新技术领域的产业化应用成果比例均不足 50%,其中,核应用技术最低,比例为 29.03%(见附表 11)。

从高新技术领域成果未应用的情况来看,核应用技术领域的未应用成果比例最高,达到 41.94%;生物医药与医疗器械,现代农业,航空航天,地球、空间和海洋,现代交通,环境保护领域的小批量使用或小范围应用的成果比例较高,均超过 30%,分别达到 40.57%、37.87%、37.09%、36.51%、33.18% 和 30.32%(见附表 11)。

从成果未应用或停用的主要原因来看,核应用技术成果应用的主要原因是市场问题,所占比例高达 84.62%;航空航天领域的主要原因是技术问题;电子信息、先进制造、环境保护、现代农业、新材料、新能源和节能等领域的最主要原因是资金问题;地球、空间和海洋领域成果未应用或停用的原因主要表现为市场因素和政策因素(见附表 12)。

4. 不同类型单位成果应用情况

从成果完成单位的类型上看,2019 年登记的产业化应用成果中,企业所占比例最高,为 58.13%;医疗机构所占比例最低,为 15.58%(见附表 11)。

各类型单位成果的未应用或停用的原因大多集中在资金问题、技术问题和市场问题。企业成果未应用或应用后停用的原因主要是资金问题,所占比例为41.23%,其次是市场问题,占比为23.20%;独立科研机构的主要原因是资金问题和技术问题,分别占33.53%和24.94%;医疗机构受技术问题影响因素较大,占比为38.68%,其次是资金问题,占比为26.52%;影响大专院校科技成果应用的各种原因中,管理问题和资金问题所占比例较高,分别为35.50%和33.36%(见附表12)。

各类企业科技成果未应用或停用表现为以下几个特点:资金问题是有限责任公司、股份合作企业、私营企业成果未应用或停用的第一影响因素;市场问题在集体企业,国有企业,港、澳、台商投资企业等类型的企业中影响比较突出;管理问题在股份合作企业中影响比较明显;政策因素是外商投资企业,港、澳、台商投资企业成果未应用或停用的重要影响因素(见附表12)。

② 不同课题来源成果的应用情况

应用技术成果按照课题来源划分为政府项目和社会项目,其中,政府项目成果指来源于国家计划、部门计划、地方计划、部门基金和地方基金的成果;社会项目成果指来源于国际合作、横向委托、民间基金、自选课题及其他来源的成果。

在 57541 项 (数据来源于 2019 年度登记到国家科技成果库中的应用技术成果) 应用技术成果中,政府项目所占比例为 38.66%,与上年相比下降 2.98%,社会项目的成果比例同比上升至 61.34%。

1. 政府项目成果的应用情况

在 22248 项政府项目中,已转让企业 3946 家,实现技术转让与许可收入 61.49 亿元,平均每项成果的技术转让收入为 27.64 万元。在转让的企业数量方面,地方计划项目成果明显多于国家计划和部门计划等其他各类课题来源,占已转让企业总数的 76.91%。国家科技计划项目成果平均每项成果的技术转让收入最高,达到 46.96 万元,遥遥领先于其他各类政府项目课题来源。地方基金项目科技成果的应用转化收入处于低位,平均每项成果的技术转让收入仅为 3.52 万元 (见表3-5)。

表3-5 2019 年政府项目成果的应用情况统计

项目	课题来源	应用技术成果(项)	已转让企业(家)	技术转让与许可收入(万元)	平均每项成果的技术转让收入(万元)
政府项目	国家计划	2944	590	138246	46.96
	部门计划	2985	266	46943	15.73
	地方计划	14946	3035	424290	28.39
	部门基金	355	10	1870	5.27
	地方基金	1018	45	3586	3.52
	合计	22248	3946	614935	27.64

政府项目科技成果中未应用或停用的有 2089 项。其中,国家计划项目成果未应用或停用以技术问题为主要原因,占比 34.39%;部门计划项目成果未用或停用以市场问题为主要原因,占比 32.05%;地方计划项目成果未应用或停用的原因主要是资金问题,占比 34.67%;部门基金和地方基金项目成果未应用或停用的原因主要是技术问题,占比分别为 38.00% 和 37.10%。政策因素对各类政府项目成果未应用或停用的影响较小 (见表 3-6)。

表 3-6 2019 年政府项目成果未应用或应用后停用的原因比例分布(%)

课题来源	成果数(项)	资金问题	技术问题	市场问题	管理问题	政策因素
国家计划	314	26.12	34.39	20.06	13.06	6.37
部门计划	234	19.23	23.93	32.05	16.24	8.55
地方计划	1243	34.67	28.32	12.55	17.30	7.16
部门基金	50	22.00	38.00	20.00	10.00	10.00
地方基金	248	18.95	37.10	6.85	33.87	3.23

2.社会项目成果的应用情况

在 35293 项社会项目成果中,共转让企业 2437 家,获得技术转让与许可收入 35.82 亿元,平均每项成果的技术转让收入为 10.15 万元。其中,自选课题应用技术成果数量最多,其产业化应用也占据主导地位。从单个成果的转让收入水平来看,横向委托项目高于其他社会项目的科技成果,达到平均每项成果 60.91 万元(见表 3-7)。

表 3-7 2019 年社会项目成果的应用情况统计

项目	课题来源	应用技术成果(项)	已转让企业(家)	技术转让与许可收入(万元)	平均每项成果的技术转让收入(万元)
社会项目	国际合作	63	0	0	0
	横向委托	570	133	34719	60.91
	民间基金	72	0	25	0.35
	自选课题	31686	2032	313440	9.89
	其他	2902	272	10059	3.47
	合计	35293	2437	358243	10.15

在社会项目科技成果中,共有 4529 项科技成果未应用或停用,对这些项目进行分析可知,制约各类社会项目科技成果转化的因素各有不同。国际合作项目成果未应用或停用原因主要是资金和技术问题;横向委托成果未用或停用的原因主要是技术问题;自选课题未用或停用的原因则主要是资金问题(见表 3-8)。

表 3-8 2019 年社会项目成果未应用或应用后停用的原因比例分布(%)

课题来源	成果数(项)	资金问题	技术问题	市场问题	管理问题	政策因素
国际合作	7	42.86	42.86	0	14.28	0
横向委托	22	22.73	31.82	27.27	13.64	4.54
民间基金	5	0	0	0	0	0
自选课题	4322	38.78	14.51	17.28	28.07	1.36
其他	173	27.17	15.03	8.67	39.30	9.83

二 不同课题来源成果的推广形式

1.政府项目成果的推广形式

政府项目科技成果转化的主要方式为自我转化和合作转化，二者所占比例之和约为 90%。从各类政府项目类型看，自我转化的比例均超过合作转化。总体而言，技术转让或许可所占比例较低，占比为 7%~18%（见图 3-3）。

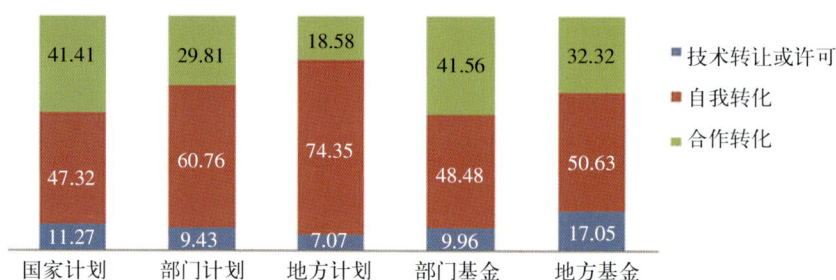

图 3-3 政府项目成果的不同转化方式构成图（%）

2.社会项目成果的推广形式

社会项目科技成果转化的方式以自我转化和合作转化为主，技术转让或许可方式转化的比例较低。其中，自选课题和民间基金项目成果以自我转化方式进行转化的比例较高，分别为 91.05% 和 76.47%；横向委托项目成果的合作转化比例为 51.17%，超过自我转化的比例；国际合作项目成果的合作转化比例和自我转化持平，均为 47.06%。（见图 3-4）。

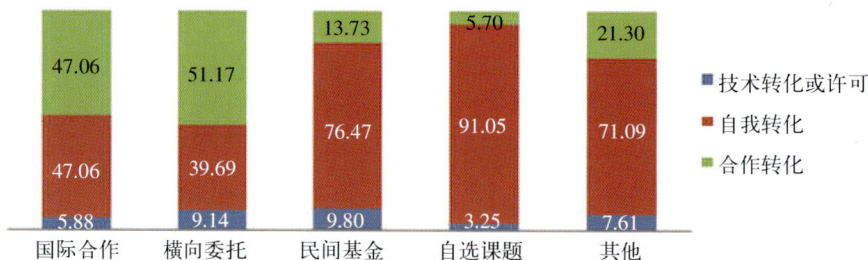

图 3-4 社会项目成果的不同转化方式构成图（%）

四 应用技术成果转移转化情况

以《中华人民共和国促进科技成果转化法》为代表的一系列促进科技创新和成果转化的政策措施的陆续出台,加速了科技成果的快速转化和应用。2019 年,全国登记的应用科技成果表现出不同的成效和状态。

在 59903 项应用技术成果中,产业化应用的成果数为 27219 项,占全部应用技术成果的 45.44%;获得经济效益的成果有 24574 项,占全部应用技术成果的 41.02%;已转化项目 15649 项,占全部应用技术成果的 26.12%。自我转化技术成果形成的累积总收入为 30006.72 亿元;合作转化收入为 4496.16 亿元,其中,技术入股股权折价 53.31 亿元;技术转让和技术许可收入为 97.55 亿元,其中,知识产权技术转让收入为 83.81 亿元(见附表 2)。

(注:1.科技成果的技术转让收入是指非自我转化性质的技术转让,受让单位支付的全部技术转让费用。由于科技成果的技术转让可能历时数年,这些数据仅反映截至目前成果技术转让的累计收入情况,不完全反映当年的收入情况。2.知识产权技术转让收入指专利、著作权、商标、商业秘密等的技术转让收入。3.由于科技保密等原因,部分应用技术成果的应用与转化情况未做统计,故上述统计结果比实际情况偏低。)

在 59903 项应用技术成果中,有转化应用效果的 30132 项,占比超过一半。其中,45.87%的应用技术成果主要应用于落后技术、工艺、装备的替代,降低成本和填补国内空白的成果占比分别为 24.59%和 24.32%,替代进口的应用技术成果比例较低,仅占有应用效果的技术成果的 5.22%(见表 3-9)。

表 3-9 不同类型成果完成单位成果应用效果情况

应用效果	独立科研机构(项)	大专院校(项)	企业(项)	医疗机构(项)	其他(项)	合计(项)	比例(%)
落后技术、工艺、装备的替代	1731	783	13317	495	561	16887	45.87
进口替代	223	204	1396	59	38	1920	5.22
填补国内空白	1235	951	5409	823	537	8955	24.32
降低成本	1085	767	6111	627	464	9054	24.59
合计	4274	2705	26233	2004	1600	36816*	100.00

注:*指该合计数大于30132项,原因为成果的应用效果在统计表中为多选项。

从应用技术成果实现转移转化途径看，共有 6897 项科技成果反馈有效数据，实现转移转化的途径主要为协议定价，占各类转移途径的 59.81%；挂牌交易、技术拍卖等转移转化途径相对较少(见表 3-10)。

表 3-10　应用技术成果转移途径情况

转移途径	成果数(项)	比例(%)
协议定价	4305	59.81
挂牌交易	387	5.38
技术拍卖	178	2.47
其他	2328	32.34
合计	7198*	100

注：*指该合计数大于 6897 项，原因为应用技术成果转移途径在统计表中为多选项。

从应用技术成果获得的政府支持情况来看，共有 7438 项科技成果反馈有效数据，政府的支持形式以税收优惠为主，所占比例为 34.96%；其次为财政经费支持，所占比例为 21.38%；纳入政府计划支持的技术成果比例为 11.14%(见表 3-11)。

表 3-11　应用技术成果转化的政府支持情况

转化的政府支持	成果数(项)	比例(%)
纳入政府计划	870	11.14
进入政府采购	368	4.71
得到转化财政经费支持	1669	21.38
享受政府税收优惠	2729	34.96
军民融合	283	3.63
没有支持	1888	24.18
合计	7807*	100

注：*指该合计数大于 7438 项，原因为应用技术成果转化的政府支持情况在统计表中为多选项。

从应用技术成果获得的本单位支持情况来看，共有 10756 项科技成果反馈有效数据，本单位主要通过纳入绩效考评予以支持，占各类支持方式的 36.88%；其次为与个人收入分配挂钩，占各类支持方式的 25.28%；以设立转化机构、与职称评定挂钩方式的支持比例分别为 14.36%和 19.26%(见表 3-12)。

表 3-12　应用技术成果转化的本单位支持情况

单位转化 政策支持	独立科研 机构（项）	大专院校 （项）	企业 （项）	医疗机构 （项）	其他 （项）	合计 （项）	比例 （%）
设立转化机构	388	226	1302	186	125	2227	14.36
纳入绩效考评	629	383	4278	268	163	5721	36.88
与职称评定挂钩	325	285	1934	287	156	2987	19.26
与个人收入分配挂钩	410	208	3170	81	52	3921	25.28
未设立转化机构未出台 转化政策	80	69	317	105	84	655	4.22
合计	1832	1171	11001	927	580	15511*	100

注：*指该合计数大于10756项，原因为应用技术成果的单位转化政策支持情况在统计表中为多选项。

从应用技术成果的奖励和报酬情况来看，共有23353项科技成果反馈有效数据，完全实施了转化收益奖励和报酬的成果为9824项，占比为42.07%；未实施或未完全实施转化收益奖励和报酬的比例仍然较高，比例之和为57.93%（见表3-13）。

表 3-13　应用技术成果转化的奖励和报酬情况

转化的奖励和报酬	独立科研机构 （项）	大专院校 （项）	企业 （项）	医疗机构 （项）	其他 （项）	合计 （项）	比例 （%）
未实施转化收益奖 励和报酬	974	559	3622	649	450	6254	26.78
未完全实施转化收 益奖励和报酬	783	284	5855	215	138	7275	31.15
完全实施转化收益 奖励和报酬	767	232	8607	122	96	9824	42.07
合计	2524	1075	18084	986	684	23353	100

从应用技术成果的研发人员状态来看，共有25141项科技成果反馈有效数据，88.80%的应用技术成果以项目组形式存在，横向兼职、自主创业的比例较少，仅为5.5%和2.46%（见表3-14）。

表 3-14　应用技术成果项目研发人员状态情况

项目研发人员状态	独立科研机构 （项）	大专院校 （项）	企业 （项）	医疗机构 （项）	其他 （项）	合计 （项）	比例 （%）
项目组存在	2548	1154	16859	1076	688	22325	88.80
项目组解散	65	22	641	23	63	814	3.24
横向兼职	96	56	1155	41	35	1383	5.50
自主创业	46	15	517	14	27	619	2.46
合计	2755	1247	19172	1154	813	25141	100

五 大专院校、独立科研机构应用技术科技成果转化与应用情况

1.科技成果应用情况分析

在 2019 年全国登记的应用技术成果中,由大专院校及独立科研机构完成的成果共计 13935 项。其中,产业化应用的成果数为 3710 项,占大专院校及独立科研机构完成的应用技术成果的 26.62%,这一比例低于全部应用技术成果中产业化应用成果数的占比(45.44%)。小批量或小范围应用的成果数、试用成果数分别占大专院校及独立科研机构全部应用技术成果的 30.52% 及 15.71%;未应用成果数 3743 项,所占比例为 26.86%;应用后停用的成果 40 项,占比 0.29%(见图 3-5)。

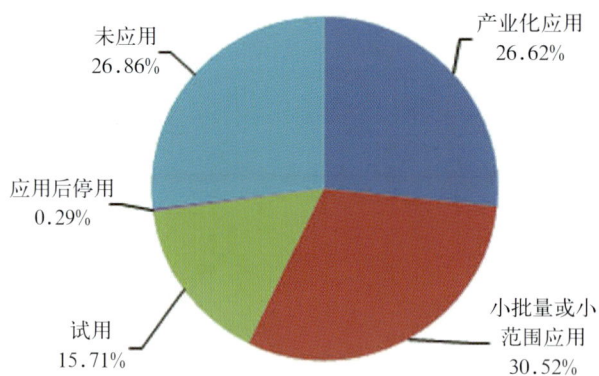

图 3-5 2019 年大专院校、独立科研机构应用技术成果应用状态分布

大专院校及独立科研机构完成的应用技术成果未应用或停用的原因受多种因素影响,主要是资金问题,所占比例为 33.40%;其次是管理问题,所占比例 30.80%;技术问题和市场问题所占比例分别为 18.09%、15.42%;政策因素对技术成果未应用或停用的影响相对较低,为 2.29%(见图 3-6)。

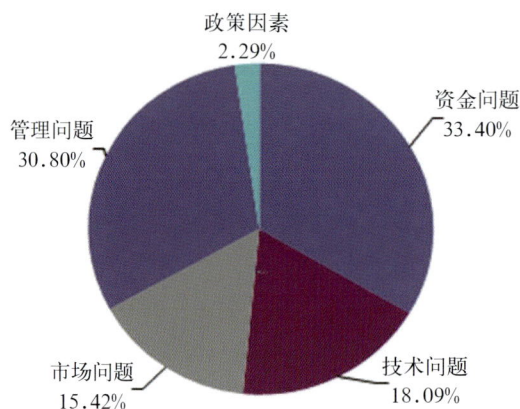

图 3-6 2019 年大专院校、独立科研机构应用技术成果未应用或停用原因比例分布

2.不同课题来源科技成果的应用情况

2019 年登记到国家科技成果库的由大专院校及独立科研机构完成的应用技术成果共 13484 项。其中,来自政府项目的成果 7529 项,所占比例为 55.84%;来自社会项目的成果 5955 项,所占比例为 44.16%。

在 7529 项政府项目成果中,已转让企业 1131 家,实现技术转让与许可收入 38.79 亿元,平均每项成果的技术转让收入为 51.52 万元。在转让的企业数量及平均每项成果的技术转让收入方面,地方计划项目成果远高于国家计划和部门计划。部门基金和地方基金项目科技成果的应用转化处于较低水平(见表 3-15)。与 2019 年全部政府项目成果平均每项的技术转让收入(27.64 万元)相比,大专院校及独立科研机构完成的政府项目成果平均每项的技术转让收入较高。

表 3-15　大专院校、独立科研机构政府项目成果的应用情况

	课题来源	应用技术成果(项)	已转让企业(家)	技术转让与许可收入(万元)	平均每项成果的技术转让收入(万元)
政府项目	国家计划	1683	326	43308	25.73
	部门计划	1045	108	22615	21.64
	地方计划	4247	667	318494	74.99
	部门基金	142	10	1860	13.10
	地方基金	412	20	1642	3.99
	合计	7529	1131	387919	51.52

在大专院校及独立科研机构完成的政府项目成果未应用或停用的各类原因中,国家计划、部门基金和地方基金项目成果主要是技术问题,所占比例超过 30%,其他因素相对影响并不明显;部门计划项目成果未应用或停用的原因主要是市场问题;地方计划项目成果主要是资金问题。政策因素对各类政府项目成果未应用或停用原因相对影响较小(见表 3-16)。

表 3-16　大专院校、独立科研机构政府项目成果未应用或应用后停用的原因比例分布(%)

课题来源	资金问题	技术问题	市场问题	管理问题	政策因素
国家计划	26.70	31.07	23.78	14.08	4.37
部门计划	17.69	17.69	46.26	14.28	4.08
地方计划	38.35	27.23	14.14	15.18	5.10
部门基金	26.92	46.15	11.54	15.39	0
地方基金	27.27	38.18	11.82	20.91	1.82

在大专院校、独立科研机构完成的 5955 项社会项目成果中，共转让企业 447 家，获得技术转让与许可收入 5.01 亿元，平均每项成果的技术转让收入 8.42 万元。其中，自选课题应用技术成果数量最多，约占大专院校、独立科研机构完成的社会项目成果的八成，其产业化应用也占据主导地位（见表 3-17）。

表 3-17　大专院校、独立科研机构社会项目成果的应用情况

课题来源		应用技术成果（项）	已转让企业（家）	技术转让与许可收入（万元）	平均每项成果的技术转让收入（万元）
社会项目	国际合作	35	0	0	0
	横向委托	304	34	1632	5.37
	民间基金	16	0	0	0
	自选课题	5239	395	43590	8.32
	其他	361	18	4907	13.59
合计		5955	447	50129	8.42

在大专院校、独立科研机构完成的社会项目成果未应用或应用后停用的各类原因中，国际合作项目成果主要是资金和技术问题；横向委托项目成果主要是技术和资金问题；自选课题则主要是管理和资金问题（见表 3-18）。

表 3-18　大专院校、独立科研机构社会项目成果未应用或应用后停用的原因比例分布（％）

课题来源	资金问题	技术问题	市场问题	管理问题	政策因素
国际合作	42.86	42.86	0	14.28	0
横向委托	30.77	38.46	23.08	7.69	0
民间基金	100.00	0	0	0	0
自选课题	32.30	12.59	13.30	40.70	1.11
其他	33.33	25.64	12.82	28.21	0

3. 不同课题来源科技成果的推广形式

由大专院校及独立科研机构完成的各类政府项目科技成果转化的最主要方式是合作转化。在不同课题来源的政府项目成果中，合作转化所占比例处于 50% 左右。其中，部门基金的转化比例最高，为 58.24%；其次为国家计划，所占比例为 54.18%；地方计划、地方基金和部门计划合作转化形式所占比列均超过 40%。各类转化形式中居第二位的是自我转化，地方计划所占比例最高，为 50.35%。技术转让与许可方式在大专院校和独立科研机构完成的各类政府项目成果中所占比例较低（见图 3-7）。

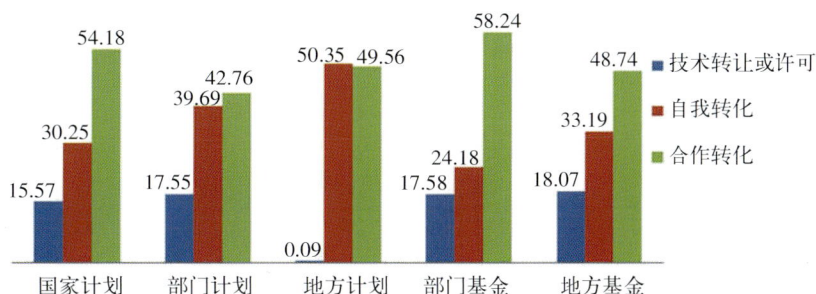

图 3-7　大专院校、独立科研机构政府项目成果的不同转化方式构成（％）

在大专院校及独立科研机构完成的社会项目成果的各类转化形式中，以自选课题项目成果的自我转化方式最为突出，所占比例高达 72.19％。横向委托和国际合作项目成果的主要转化方式为合作转化，占比分别为 67.02％和 62.50％。民间基金项目成果的三种转化方式所占比例基本持平，各占 1/3。技术转让或许可方式转化的成果比例仍然较低（见图 3-8）。

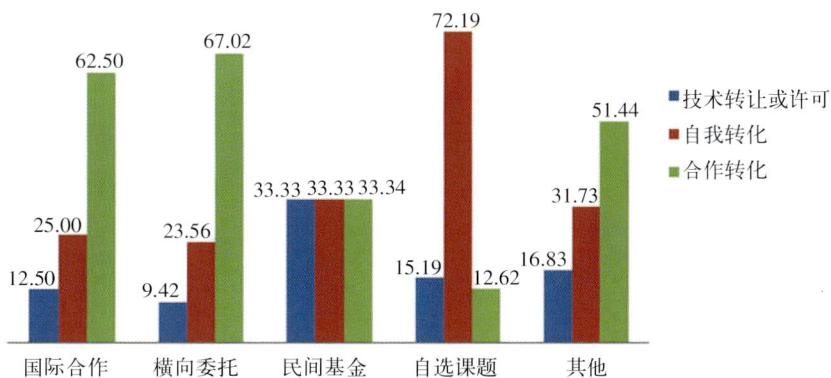

图 3-8　大专院校、独立科研机构社会项目成果的不同转化方式构成（％）

4.科技成果转移转化情况

在大专院校和独立科研机构完成的应用技术成果中，已产业化应用的成果共 3710 项。获得经济效益的成果为 3069 项，占大专院校和独立科研机构完成的应用技术成果的 22.02％。已转化项目数 1652 项，占大专院校和独立科研机构完成的应用技术成果的 11.86％。

在大专院校和独立科研机构完成的 3069 项获得经济效益的应用技术成果中，自我转化形成的累积总收入 2993.85 亿元；合作转化收入 1641.92 亿元，其中，技术入股股权折价 13.50 亿元；技术转让和技术许可收入 43.88 亿元，其中，知识产权转让收入 27.60 亿元（见附表 2）。

第四部分

科技成果完成人情况分析

总｜体｜概｜况

2019 年登记的科技成果涉及完成人员 463405 人次,比上年增长 9.65%。

2015—2019 年,科技成果完成人员总人次呈现波动态势,继 2017 年、2018 年两年持续下降后,2019 年实现较快增长,达到五年来最高水平(见图 4-1)。

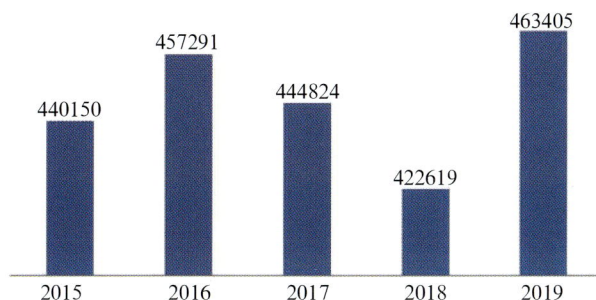

图 4-1　2015—2019 年科技成果完成人员总数(人次)

1.年龄结构

在 2019 年登记的科技成果完成人员中,55 岁及以下的人员为 422576 人次,占登记成果完成总人次的 91.19%。其中,36~45 岁研究人员占比达到 37.81%,35 岁以下占比为 31.01%,成为科技成果研发的主力军。2018—2019 年,科技成果完成人员的年龄结构变化不大,45 岁及以下的科研人员长期保持科研主体地位(见表 4-1)。

表 4-1　2018—2019 年科技成果完成人员年龄结构

年龄结构	2018 年		2019 年		
	人次	比例(%)	人次	比例(%)	增长(%)
35 岁以下(含 35 岁)	123560	29.24	143721	31.01	16.32
36~45 岁	160740	38.03	175206	37.81	9.00
46~55 岁	103359	24.46	103649	22.37	0.28
56~65 岁	31534	7.46	37013	7.99	17.37
65 岁以上	3426	0.81	3816	0.82	11.38
合计	422619	100	463405	100	9.65

2.学历构成

在 2019 年登记的科技成果完成人员中,有博士研究生 76484 人次,占总人次的 16.50%,比上年下降 4.38%;有硕士研究生 144983 人次,占 31.29%,比上年上升 1.37%;大学本科有185771 人次,占 40.09%,比上年升高 1.79%;本科以下学历人员所占比例不高,与上年基本持平。2015—2019 年,在科技成果完成人员中,博士研究生的占比从 2015 年的 18.17%下降到 2019 年的 16.50%;硕士研究生占比从 29.27%增长到到 31.29%;大学本科学历的人员占比从 42.97%下降到 40.09%(见表 4-2)。

表 4-2　2015—2019 年科技成果完成人员学历构成 (%)

学历构成	2015 年	2016 年	2017 年	2018 年	2019 年
博士研究生	18.17	18.69	18.13	20.88	16.50
硕士研究生	29.27	30.72	30.94	29.92	31.29
本科	42.97	41.36	41.27	38.30	40.09
大专	7.87	7.50	7.72	8.43	9.42
中专	0.95	0.89	1.00	1.15	1.21
其他	0.77	0.84	0.94	1.32	1.49
合计	100	100	100	100	100

3.职称构成

具有正高、副高、中级职称的研究人员保持较高比例。在 2019 年登记的成果完成人员中,有正高、副高级技术职称的完成人数为 185632 人次(其中院士为 517 人次),占总人次的 40.06%;中级技术职称的研究人员 155214 人次,占 33.49%。2015—2019 年,科技成果完成人员的职称构成变化不大,具有正高、副高、中级职称的科技成果完成人员始终保持 80%左右(见表 4-3)。

表 4-3　2015—2019 年科技成果完成人员职称构成 (%)

职称构成	2015 年	2016 年	2017 年	2018 年	2019 年
正高	17.90	18.86	18.70	19.60	15.23
副高	24.90	24.37	25.68	25.18	24.83
中级	37.31	35.40	34.27	33.11	33.49
初级	11.28	11.56	10.69	10.36	11.16
其他	8.61	9.81	10.66	11.75	15.29
合计	100	100	100	100	100

2 各类型单位的成果完成人统计

企业科技人员是科学技术研究开发的主体。从单位类型看,在2019年科技成果完成人中,企业科技人员有219567人次,占总人次的47.38%;大专院校研究人员有71321人次,占15.39%;独立科研机构和医疗机构成果完成人员分别为72772人次和58770人次,分别占15.70%和12.68%(见图4—2)。

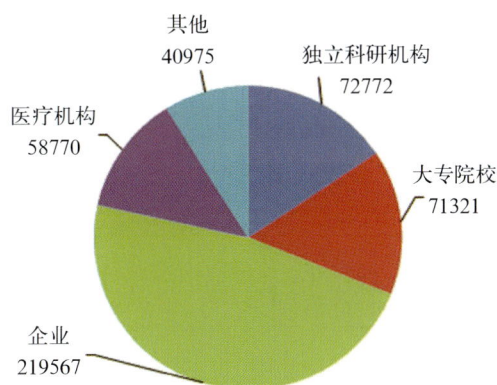

图4—2　不同类型单位的成果完成人员总数(人次)

1.各类型单位成果完成人的年龄结构

在各类单位成果完成人年龄结构中,大专院校成果完成人的年龄偏低,医疗机构成果完成人的年龄偏高。在大专院校成果完成人中,35岁及以下的人员比例达到36.58%,高出平均值(29.24%)7.34%;医疗机构35岁及以下人员的比例为20.44%,低于平均值8.8%。在各类完成单位的成果完成人中,45岁及以下的人员比例均超过65%,其中,大专院校的比例最高,达到72.23%。46~65岁的成果完成人相对集中在医疗机构,所占比例达到33.98%,高于其他类型的成果完成单位(见表4—4)。

表4—4　2019年各类型成果完成单位的成果完成人年龄结构(%)

年龄结构	独立科研机构	大专院校	企业	医疗机构	其他	平均值
35岁以下(含35岁)	27.41	36.58	33.80	20.44	27.95	29.24
36~45岁	39.71	35.65	35.91	44.85	38.26	38.88
46~55岁	21.82	18.93	22.55	25.08	24.47	22.57
56~65岁	10.26	8.03	6.85	8.90	8.63	8.53
65岁以上	0.80	0.81	0.89	0.73	0.69	0.78
合计	100	100	100	100	100	

2.各类型单位成果完成人的学历构成

在各类单位成果完成人学历构成中,大专院校成果完成人的学历最高,企业成果完成人的学历相对偏低。在大专院校成果完成人中,博士研究生的比例高达38.32%,高出平均值(19.77%)18.55%;企业博士研究生的比例仅为7.78%,低于平均值11.99%。在各类完成单位的成果完成人中,硕士研究生及以上学历的人员比例由高到低分别为大专院校82.76%、独立科研机构63.06%、医疗机构53.51%、企业30.38%(见表4-5)。

表4-5　2019 年各类型成果完成单位的成果完成人学历构成(%)

学历构成	独立科研机构	大专院校	企业	医疗机构	其他	平均值
博士研究生	23.79	38.32	7.78	16.22	12.74	19.77
硕士研究生	39.27	44.44	22.60	37.29	32.15	35.15
本科	30.38	15.57	49.14	43.58	46.47	37.03
大专	4.72	1.11	16.03	2.50	6.74	6.22
中专	0.69	0.13	2.06	0.22	0.87	0.79
其他	1.15	0.43	2.39	0.19	1.03	1.04
合计	100	100	100	100	100	

3.各类型单位成果完成人的职称构成

在各类型单位成果完成人职称构成中,大专院校、独立科研机构和医疗机构的成果完成人职称较高,企业成果完成人的职称相对偏低。在各类型单位的成果完成人中,正高级技术职称的人员比例由高到低分别是大专院校21.74%、医疗机构21.59%、独立科研机构20.26%、企业10.07%(见表4-6)。

表4-6　2019 年各类型成果完成单位的成果完成人职称构成(%)

职称构成	独立科研机构	大专院校	企业	医疗机构	其他	平均值
正高	20.26	21.74	10.07	21.59	13.49	17.43
副高	31.39	24.67	21.01	26.37	31.65	27.02
中级	32.56	22.17	35.64	37.59	37.51	33.09
初级	7.13	5.51	14.40	11.22	10.74	9.80
其他	8.66	25.91	18.88	3.23	6.61	12.66
合计	100	100	100	100	100	

第五部分

科技成果完成单位情况分析

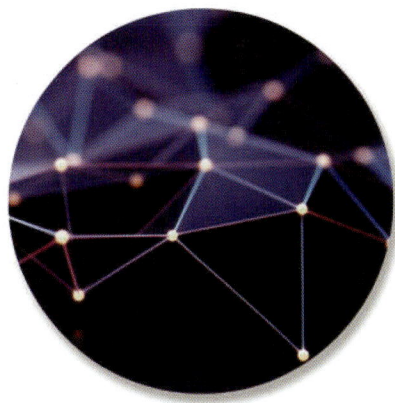

一 科|技|成|果|完|成|单|位|构|成

在 2019 年登记的 68562 项科技成果中,企业是科技成果的主要完成单位。成果完成单位按成果数量排序依次是:企业 35511 项,占成果总数比例上升 7.89%;大专院校 10567 项,占成果总数比例下降 2.64%;独立科研机构 9158 项,占成果总数比例下降 1.23%;医疗机构 7585 项,占成果总数比例下降 0.65%(见图 5-1、表 5-1)。

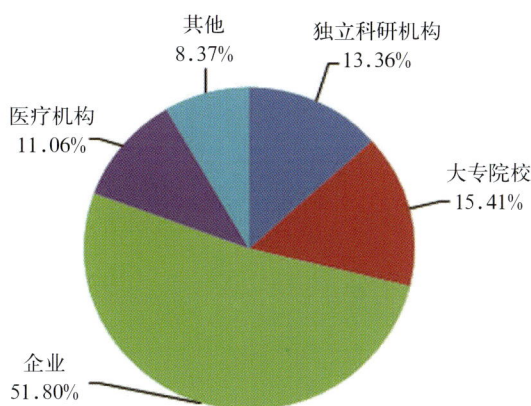

图 5-1 科技成果完成单位构成图

2015—2019 年,科技成果完成单位类型的构成情况变化不大,企业一直是科技成果的主要完成单位,在全部完成单位中的比例超过四成(见表 5-1)。

表 5-1 2015—2019 年科技成果完成单位构成

完成单位类型	2015 年		2016 年		2017 年		2018 年		2019 年	
	成果数(项)	构成(%)	成果数(项)	构成(%)	成果数(项)	构成(%)	成果数(项)	构成(%)	成果数(项)	构成(%)
独立科研机构	9061	16.39	8879	15.11	8708	14.56	9588	14.59	9158	13.36
大专院校	10235	18.51	10780	18.34	10621	17.76	11863	18.05	10567	15.41
企业	23650	42.78	23896	40.65	25126	42.02	28861	43.91	35511	51.80
其中:科研机构转制企业	768	1.39	556	0.95	471	0.79	679	1.03	1081	1.58
医疗机构	8121	14.69	8454	14.38	7835	13.11	7694	11.71	7585	11.06
其他	4217	7.63	6770	11.52	7502	12.55	7714	11.74	5741	8.37
合计	55284	100	58779	100	59792	100	65720	100	68562	100

2 各类型单位应用技术成果行业分布

在各类型成果完成单位的应用技术成果所属行业中,独立科研机构侧重于农、林、牧、渔业,制造业和科学研究及技术服务业,占比分别为 42.68%、19.26% 和 16.54%;大专院校侧重于信息传输、软件和信息技术服务业,制造业,农、林、牧、渔业及卫生和社会工作,占比分别为 24.53%、18.57%、14.63% 和 10.92%;企业侧重于制造业,占比超过 50%,达到 55.45%;医疗机构科技成果应用行业以卫生和社会工作为主,占比为 96.88%(见表 5-2)。

表 5-2　2019 年各类型成果完成单位应用技术成果的行业分布(%)

成果应用行业	应用技术成果总分布	独立科研机构	大专院校	企业	医疗机构	其他
农、林、牧、渔业	12.94	42.68	14.63	8.40	0.12	16.12
采矿业	2.25	1.69	2.15	2.85	0.02	1.53
制造业	37.46	19.26	18.57	55.45	0.53	5.13
电力、热力、燃气及水的生产和供应业	4.57	1.82	6.02	5.96	0.02	1.92
建筑业	4.64	1.80	3.96	6.51	0.03	1.74
批发和零售业	0.36	0.10	0.14	0.54	0	0.16
交通运输、仓储和邮政业	3.07	1.43	3.07	3.95	0.05	2.76
住宿和餐饮业	0.18	0.11	0.30	0.20	0	0.10
信息传输、软件和信息技术服务业	7.07	3.72	24.53	5.77	0.24	4.66
金融业	0.55	0.01	0.10	0.80	0	0.74
房地产业	0.16	0.21	0.04	0.20	0.03	0.10
租赁和商务服务业	0.05	0.04	0.06	0.05	0.03	0
科学研究和技术服务业	8.59	16.54	7.91	2.47	1.52	50.69
水利、环境和公共设施管理业	3.24	4.73	3.92	3.16	0.03	4.55
居民服务、修理和其他服务业	0.40	0.11	0.74	0.47	0.02	0.35
教育	0.49	0.26	1.31	0.42	0.03	0.69
卫生和社会工作	12.49	3.36	10.92	1.74	96.88	3.94
文化、体育和娱乐业	0.46	0.37	0.53	0.54	0.10	0.35
公共管理、社会保障和社会组织	1.02	1.76	1.10	0.50	0.33	4.47
国际组织	0.01	0	0	0.02	0.02	0
合计	100	100	100	100	100	100

🄴 各|类|型|单|位|应|用|技|术|成|果|高|新技|术|领|域|分|布

各类单位应用技术成果的高新技术领域分布较为分散。独立科研机构主要专注于现代农业领域，占比为 44.02%；大专院校更注重电子信息技术领域，占比为 22.38%；企业的先进制造领域技术成果最为突出，占比达到 33.83%；医疗机构的技术领域专注度最高，主要集中在生物医药与医疗器械领域，占比达到 96.50%（见表 5-3）。

表 5-3　2019 年各类成果完成单位应用技术成果所属高新技术领域分布（%）

所属高新技术领域	应用技术成果总分布	独立科研机构	大专院校	企业	医疗机构
电子信息	14.42	9.40	22.38	15.28	1.60
先进制造	25.25	12.14	14.26	33.83	0.41
航空航天	0.90	1.87	0.85	0.86	0
现代交通	2.32	1.16	2.82	2.58	0.07
生物医药与医疗器械	14.42	6.96	14.59	6.44	96.50
新材料	14.39	8.81	10.30	18.58	0.65
新能源与节能	6.62	4.45	7.11	7.81	0.14
环境保护	6.08	7.61	7.74	5.98	0.20
地球、空间与海洋	2.05	2.26	2.85	1.37	0.13
核应用技术	0.33	1.32	0.05	0.20	0.20
现代农业	13.22	44.02	17.05	7.07	0.10
合计	100	100	100	100	100

第六部分

附　表

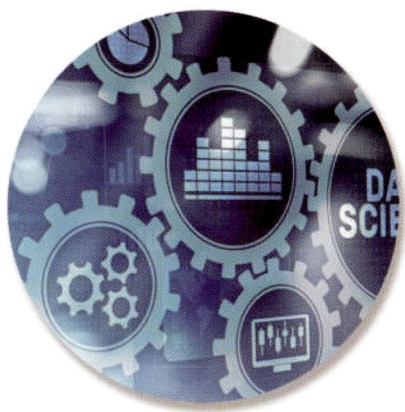

附表 1　2019 年全国科技成果统计数据

项目名称		合计	独立科研机构	大专院校	企业	其中:科研转制企业	医疗机构	其他
基本情况(项)	登记成果数	68562	9158	10567	35511	1081	7585	5741
	其中:鉴定项目数	11864	717	910	8452	190	1133	652
	验收项目数	21761	4076	3317	6025	295	4426	3917
	评审项目数	671	168	215	78	4	98	112
	行业准入数	1153	374	48	639	5	22	70
	评估项目数	982	74	216	536	12	114	42
	机构评价数	23680	1985	3107	16930	448	1038	620
	结题项目数	3933	1034	2121	43	9	635	100
	知识产权授权数	4518	730	633	2808	118	119	228
	知识产权数	113052	14973	19530	69773	2138	4847	3929
	其中:发明专利数	55929	9065	12586	31773	1108	1065	1440
	实用新型专利数	39334	3486	4944	28852	698	1026	1026
	外观设计专利数	1980	138	66	1704	14	37	35
	软件著作权数	7653	813	1042	4927	211	181	690
	其他	8156	1471	892	2517	107	2538	738
	已授权专利数	96476	10451	15208	67038	2369	1670	2109
	制定标准数	1006	267	151	253	20	158	177
	其中:国际标准	25	3	2	9	1	10	1
	国家标准	133	33	7	48	5	12	33
	行业标准	234	22	37	44	5	90	41
	地方标准	461	199	91	44	2	42	85
	企业标准	153	10	14	108	7	4	17
成果类别(项)	应用技术成果	59903	6996	6939	35204	1060	5868	4896
	基础理论成果	7009	1726	3180	82	8	1477	544
	软科学成果	1650	436	448	225	13	240	301
课题来源(项)	国家科技计划	5691	1600	2432	778	54	672	209
	其中:国家自然科学基金	2761	832	1382	59	7	432	56
	国家科技重大专项	308	97	64	120	5	18	9
	国家重点研发计划	56	34	4	13	0	2	3
	技术创新引导计划	9	0	1	6	0	1	1
	基地和人才专项	8	5	2	0	0	1	0
	重点基础研究发展计划(973 计划)	461	70	349	25	3	11	6
	高技术研究发展计划(863 计划)	238	55	104	62	4	10	7

(续)

项目名称	合计	独立科研机构	大专院校	企业	其中:科研转制企业	医疗机构	其他
国家科技支撑计划	367	102	92	125	10	28	20
国家重大科学研究计划	43	22	10	6	0	3	2
星火计划	34	8	16	9	1	0	1
火炬计划	27	1	6	16	0	4	0
科技惠民计划	7	1	0	1	0	2	3
国家重点新产品计划	13	3	3	6	0	1	0
国家软科学研究计划	48	9	18	5	1	14	2
国际科技合作专项	146	28	30	47	3	36	5
中欧中小企业节能减排科研合作资金	0	0	0	0	0	0	0
创新人才推进计划	2	0	1	0	0	1	0
国家重点实验室	20	2	10	4	0	2	2
科技基础条件平台	2	1	1	0	0	0	0
国家工程技术研究中心	9	4	2	1	0	2	0
科技型中小企业技术创新基金	84	3	1	78	0	1	1
科研院所技术开发研究专项资金	45	17	5	20	6	2	1
农业科技成果转化资金	49	14	8	21	2	0	6
科技富民强县专项行动计划	6	0	2	2	0	0	2
科技基础性工作专项	54	18	7	9	1	7	13
国家磁约束核聚变能发展研究专项	1	1	0	0	0	0	0
重大科学仪器设备开发专项	24	9	7	7	2	1	0
国家其他科技计划	869	264	307	136	9	93	69
部门计划	4998	983	413	1041	45	442	2119
地方计划	17801	3159	2844	6687	187	4015	1096
部门基金	579	120	185	72	4	152	50
地方基金	2410	362	845	120	11	682	131
民间基金	75	9	8	51	0	5	2
国际合作	96	40	22	16	0	10	8
横向委托	635	116	224	250	34	6	39
自选	32292	2379	3055	24883	614	1122	853
其他	4255	390	539	1613	132	479	1234

课题来源(项)

(续)

	项目名称	合计	独立科研机构	大专院校	企业	其中：科研转制企业	医疗机构	其他
项目投资（万元）	经费实际投入额	113635909	23605181	13632796	61477109	2377507	3728515	11192308
	其中：国家投入	12094266	3159022	4045684	2134667	79589	861801	1893092
	部门投入	2107652	608052	116570	836325	74933	321119	225586
	地方投入	32448655	13081799	2247869	8853088	40719	1562116	6703783
	基金投入	1548294	444319	898474	181705	2730	20455	3341
	自有资金	53203648	5639668	1991974	43118653	1562192	606305	1847048
	银行贷款	2459737	5761	31735	2415803	43078	554	5884
	国外资金	259665	4345	1825	388	20	251162	1945
	其他	9513992	662215	4298665	3936480	574246	105003	511629
成果完成人文化程度（人次）	博士研究生	76484	17312	27329	17089	892	9534	5220
	硕士研究生	144983	28579	31697	49615	3049	21917	13175
	本科	185771	22111	11105	107904	3441	25611	19040
	大专	43653	3432	788	35199	378	1470	2764
	中专	5597	499	96	4518	71	129	355
	其他	6917	839	306	5242	41	109	421
成果完成人年龄结构（人次）	35 岁以下（含 35 岁）	143721	19946	26090	74220	2438	12013	11452
	36~45 岁	175206	28894	25425	78848	2887	26360	15679
	46~55 岁	103649	15878	13502	49504	1822	14739	10026
	56~65 岁	37013	7469	5730	15049	648	5231	3534
	65 岁以上	3816	585	574	1946	77	427	284
成果完成人技术职称（人次）	院士	517	131	126	204	14	41	15
	正高	70065	14611	15382	21914	1380	12647	5511
	副高	115050	22845	17594	46138	2814	15502	12971
	中级	155214	23697	15812	78246	2526	22090	15369
	初级	51720	5188	3931	31607	599	6593	4401
	其他	70839	6300	18476	41458	539	1897	2708

附表 2   2019 年全国应用技术成果统计数据

单位：项

项目名称	合计	独立科研机构	大专院校	企业	其中：科研转制企业	医疗机构	其他
成果属性：原始性创新	44890	5316	5798	26332	783	3861	3583
国外引进消化吸收创新	2646	390	464	1178	44	427	187
国内技术二次开发	12367	1290	677	7694	233	1580	1126
成果水平：国际领先	2171	214	431	1330	81	125	71
国际先进	4237	502	666	2676	95	222	171
国内领先	11066	975	852	7099	177	1498	642
国内先进	6079	540	418	3723	93	998	400
国内一般	1845	85	50	232	6	190	1288
未评价	34505	4680	4522	20144	608	2835	2324
成果所处阶段：初期阶段	13086	1902	3591	4370	147	2055	1168
中期阶段	9820	1595	1057	5876	249	731	561
成熟应用阶段	36997	3499	2291	24958	664	3082	3167
所属高新技术领域：电子信息	5422	462	865	3703	135	47	345
先进制造	9495	597	551	8201	130	12	134
航空航天	337	92	33	208	13	0	4
现代交通	873	57	109	626	29	2	79
生物医药与医疗器械	5422	342	564	1561	28	2840	115
新材料	5410	433	398	4503	113	19	57
新能源与节能	2487	219	275	1893	87	4	96
环境保护	2285	374	299	1449	70	6	157
地球、空间与海洋	770	111	110	332	14	4	213
核应用技术	125	65	2	50	3	6	2
现代农业	4971	2164	659	1714	54	3	431
成果应用行业：农、林、牧、渔业	7754	2986	1015	2957	67	7	789
采矿业	1345	118	149	1002	54	1	75
制造业	22436	1347	1288	19519	394	31	251
电力、热力、燃气及水的生产和供应业	2738	127	418	2098	125	1	94
建筑业	2781	126	275	2293	91	2	85
批发和零售业	214	7	10	189	2	0	8
交通运输、仓储和邮政业	1841	100	213	1390	134	3	135
住宿和餐饮业	105	8	21	71	0	0	5
信息传输、软件和信息技术服务业	4237	260	1702	2033	39	14	228
金融业	326	1	7	282	0	0	36

(续)

项目名称	合计	独立科研机构	大专院校	企业	其中:科研转制企业	医疗机构	其他
房地产业	94	15	3	69	0	2	5
租赁和商务服务业	27	3	4	18	0	2	0
科学研究和技术服务业	5146	1157	549	869	83	89	2482
水利、环境和公共设施管理业	1942	331	272	1114	52	2	223
居民服务、修理和其他服务业	242	8	51	165	1	1	17
教育	293	18	91	148	1	2	34
卫生和社会工作	7484	235	758	613	14	5685	193
文化、体育和娱乐业	277	26	37	191	2	6	17
公共管理、社会保障和社会组织	613	123	76	176	1	19	219
国际组织	8	0	0	7	0	1	0
成果应用情况:产业化应用项目数	27219	2158	1552	20464	490	914	2131
小批量或小范围应用项目数	18970	2816	1437	9912	397	3532	1273
试用项目数	5808	1100	1089	2381	85	781	457
应用后停用项目数	140	29	11	82	0	4	14
其中:资金问题	38	20	6	9	0	2	1
技术问题	42	2	4	28	0	1	7
市场问题	24	3	1	19	0	1	0
管理问题	19	0	0	15	0	0	4
政策因素	12	1	0	9	0	0	2
未应用项目数	7766	893	2850	2365	88	637	1021
其中:资金问题	2348	269	929	851	19	155	144
技术问题	1252	213	444	325	6	228	42
市场问题	1088	184	377	465	10	31	31
管理问题	1651	134	995	312	47	137	73
政策因素	207	36	47	53	3	37	34
已转化项目数	15649	1092	560	13666	322	101	230
应用效果:落后技术、工艺、装备的替代	16887	1731	783	13317	431	495	561
进口替代	1920	223	204	1396	41	59	38
填补国内空白	8955	1235	951	5409	198	823	537
降低成本	9054	1085	767	6111	178	627	464
转移途径:协议定价	4305	858	739	2075	186	270	363
挂牌交易	387	118	61	45	7	3	160
技术拍卖	178	59	33	57	7	17	12

（续）

项目名称	合计	独立科研机构	大专院校	企业	其中:科研转制企业	医疗机构	其他
其他	2328	383	242	969	77	382	352
转化的政府支持:纳入政府计划	870	164	94	438	10	65	109
进入政府采购	368	64	34	227	5	17	26
得到转化财政经费支持	1669	209	132	1186	26	55	87
享受政府税收优惠	2729	295	120	2248	82	34	32
军民融合	283	57	32	164	11	15	15
没有支持	1888	221	209	1146	31	194	118
本单位转化政策支持:设立转化机构	2227	388	226	1302	88	186	125
纳入绩效考评	5721	629	383	4278	138	268	163
与职称评定挂钩	2987	325	285	1934	71	287	156
与个人收入分配挂钩	3921	410	208	3170	110	81	52
未设立转化机构未出台转化政策	655	80	69	317	10	105	84
转化的奖励和报酬:未实施转化收益奖励和报酬	6254	974	559	3622	154	649	450
未完全实施转化收益奖励和报酬	7275	783	284	5855	286	215	138
完全实施转化收益奖励和报酬	9824	767	323	8607	199	122	96
项目研发人员状态:项目组存在	22325	2548	1154	16859	647	1076	688
项目组解散	814	65	22	641	16	23	63
横向兼职	1383	96	56	1155	15	41	35
自主创业	619	46	15	517	13	14	27
经济效益:经济效益项目数	24574	2052	1017	20629	582	391	485
自我转化效益:收入(万元)	300067218	9187549	20750959	258999375	5566410	7245161	3884174
净利润(万元)	60158723	3220525	4790900	42544099	920802	4404158	5199041
实交税金(万元)	23616901	305086	1443955	21810269	242501	4553	53038
出口创汇(万元)	16721297	208543	2086051	14224721	35385	5724	196258
节约资金(万元)	39243167	2979794	921396	34567945	526637	170729	603303
合作转化收入(万元)	44961647	2475369	13943843	25529170	762757	430987	2582278
其中:技术入股股权折价(万元)	533083	20853	114102	191363	1660	200749	6016
技术转让与许可收入(万元)	975505	349084	89737	475288	50585	5576	55820
其中:知识产权技术转让收入(万元)	838144	246620	29338	509411	36043	2200	50575

附表3 2017—2019年部门科技成果成果统计数据

单位:项

序号	部门	总数			基础理论成果			应用技术成果			软科学成果		
		2017年	2018年	2019年	2017年	2018年	2019年	2017年	2018年	2019年	2017年	2018年	2019年
1	教育部	1074	1281	—	391	485	—	667	780	—	16	16	—
2	国家国防科技工业局	2234	2332	—	43	49	—	2121	2206	—	70	77	—
3	公安部	372	337	338	6	7	6	298	289	282	68	41	50
4	民政部	3	—	—	0	—	—	3	—	—	0	—	—
5	自然资源部*	486	450	478	142	113	99	283	262	345	61	75	34
6	住房和城乡建设部	89	74	—	0	0	—	60	59	—	29	15	—
7	交通运输部	112	86	—	35	29	—	52	35	—	25	22	—
8	工业和信息化部	172	477	194	8	2	11	159	471	182	5	4	1
9	水利部	44	44	57	0	0	0	43	43	56	1	1	1
10	农业农村部(农业部)*	46	92	16	0	0	0	46	92	16	0	0	0
11	生态环境部(环境保护部)*	69	84	112	8	11	10	55	47	56	6	26	46
12	中国民用航空局	20	26	12	0	0	0	20	21	9	0	5	3
13	国家林业和草原局(国家林业局)*	595	1579	—	0	0	—	595	1579	—	0	0	—
14	国家市场监督管理总局*	777	423	277	34	14	7	695	371	263	48	38	7
15	中国科学院	888	803	1354	399	348	725	472	431	582	17	24	47
16	中国地震局	60	32	11	15	12	4	45	19	7	0	1	0

(续)

序号	部门	总数			基础理论成果			应用技术成果			软科学成果		
		2017 年	2018 年	2019 年	2017 年	2018 年	2019 年	2017 年	2018 年	2019 年	2017 年	2018 年	2019 年
17	中国气象局	1553	1250	1018	101	68	128	1403	1156	877	49	26	13
18	国家粮食和物资储备局（国家粮食局）*	11	3	57	0	0	0	11	3	56	0	0	1
19	国家烟草专卖局	41	25	30	0	0	0	41	25	30	0	0	0
20	国家中医药管理局	107	201	226	51	114	127	48	71	79	8	16	20
21	中国有色金属工业协会	—	3	213	—	0	0	—	3	213	—	0	0
22	中国电机工程学会	455	478	506	0	2	0	455	468	488	0	8	18
23	国家体育总局	77	114	—	35	46	—	31	48	—	11	20	—
24	中国人民银行	168	194	230	0	0	0	152	171	218	16	23	12
25	应急管理部（国家安全生产监督管理总局）*	1	8	14	1	0	1	0	8	12	0	0	1
26	中科高技术企业发展评价中心	56	48	33	0	0	0	56	48	33	0	0	0
27	中国石油化工集团公司	213	215	228	0	0	0	213	215	228	0	0	0

（续）

序号	部门	总数			基础理论成果			应用技术成果			软科学成果		
		2017年	2018年	2019年	2017年	2018年	2019年	2017年	2018年	2019年	2017年	2018年	2019年
28	中国石油天然气集团公司	1009	983	1183	176	145	171	778	793	964	55	45	48
29	中国建筑工程总公司	8	69	104	0	0	0	8	68	104	0	1	0
30	中国轻工业联合会	99	114	135	0	0	0	99	114	135	0	0	0
31	国家广播电视总局	—	10	10	—	0	0	—	8	10	—	2	0
32	中国化工集团公司	—	16	38	—	0	0	—	16	37	—	0	1
33	中国机械工业联合会	—	—	56	—	—	0	—	—	56	—	—	0
34	中国中钢集团公司	—	—	91	—	—	5	—	—	86	—	—	0
35	亚太建设科技信息研究院	—	—	1	—	—	0	—	—	0	—	—	1
36	中华全国供销合作总社	—	—	6	—	—	0	—	—	6	—	—	0
	合计	10839	11851	7028	1445	1445	1294	8909	9920	5430	485	486	304

注：由于国务院机构改革，部分国务院组成部门名称发生了变化。表中加＊的部门统计数据，2018、2019年数据为该新部门统计数据，2017年数据为用于对照的括号中原来名称的部门的统计数据。即2017年自然资源部数据为国土资源部、国家海洋局与国家测绘局数据总和；2017年国家市场监督管理总局数据为国家食品药品监督管理总局与国家质量监督检验检疫总局数据总和；2018、2019年农业农村部与2017年原农业部数据对照；2018、2019年生态环境部与2017年原环境保护部数据对照；2018、2019年国家林业和草原局与2017年原国家林业局数据对照；2018、2019年国家粮食和物资储备局与2017年原国家粮食局数据对照；2018、2019年应急管理部与2017年国家安全生产监督管理总局数据对照。

附表 4 2017—2019 年地方科技成果统计数据

单位：项

序号	区域	省市	总数			基础理论成果			应用技术成果			软科学成果		
			2017年	2018年	2019年	2017年	2018年	2019年	2017年	2018年	2019年	2017年	2018年	2019年
1	东部地区	北京市	1048	1049	1049	136	162	153	855	827	813	57	60	83
2		天津市	2319	2331	2345	221	295	298	2044	1974	2002	54	62	45
3		河北省	2961	2678	2586	162	148	97	2760	2495	2456	39	35	33
4		辽宁省	446	63	33	45	0	0	399	62	31	2	1	2
5		大连市	251	200	207	24	13	22	218	184	179	9	3	6
6		上海市	2028	1618	1348	181	190	102	1788	1357	1199	59	71	47
7		江苏省	504	765	733	85	146	133	419	611	598	0	8	2
8		南京市	153	0	0	18	0	0	135	0	0	0	0	0
9		浙江省	5249	6767	5808	212	340	127	4924	6333	5606	113	94	75
10		杭州市	568	534	534	28	19	14	523	502	502	17	13	18
11		宁波市	829	669	717	271	204	202	512	425	428	46	40	87
12		山东省	2537	1791	2552	497	432	468	1993	1335	2070	47	24	14
13		济南市	164	33	146	3	2	8	157	31	138	4	0	0
14		青岛市	657	355	588	161	140	243	494	215	344	2	0	1
15		福建省	443	377	335	39	65	28	381	297	289	23	15	18
16		厦门市	447	532	331	27	35	33	414	494	297	6	3	1
17		广东省	2511	2473	2755	204	382	580	2258	1984	2049	49	107	126
18		广州市	1036	1051	870	69	186	227	942	798	596	25	67	47

（续）

序号	区域	省市	总数			基础理论成果			应用技术成果			软科学成果		
			2017年	2018年	2019年	2017年	2018年	2019年	2017年	2018年	2019年	2017年	2018年	2019年
19	东部地区	深圳市	136	168	214	1	11	11	130	153	201	5	4	2
20		海南省	436	229	149	160	101	64	271	123	84	5	5	1
		东部小计	24723	23683	23300	2544	2871	2810	21617	20200	19882	562	612	608
21	中部地区	山西省	560	991	1238	91	200	193	448	755	968	21	36	77
22		吉林省	562	674	552	43	35	40	483	602	478	36	37	34
23		长春市	109	18	7	4	0	0	95	18	7	10	0	0
24		黑龙江省	1489	1582	1624	315	342	331	1122	1172	1241	52	68	52
25		哈尔滨市	236	270	155	37	35	21	189	226	129	10	9	5
26		安徽省	377	8213	16294	17	26	62	346	8166	16190	14	21	42
27		江西省	638	695	785	59	126	176	577	569	608	2	0	1
28		河南省	1290	1434	1956	120	137	187	1141	1270	1744	29	27	25
29		湖北省	1600	1291	1489	20	31	59	1540	1221	1300	40	39	130
30		武汉市	372	0	0	8	0	0	364	0	0	0	0	0
31		湖南省	704	664	814	18	1	6	675	649	776	11	14	32
		中部小计	7937	15832	24914	732	933	1075	6980	14648	23441	225	251	398
32	西部地区	内蒙古自治区	533	712	722	110	160	148	421	540	562	2	12	12
33		广西壮族自治区	4109	2469	3491	718	275	539	3384	2193	2951	7	1	1
34		重庆市	1350	1369	1312	44	32	23	1228	1259	1140	78	78	149

(续)

序号	区域	省市	总数			基础理论成果			应用技术成果			软科学成果		
			2017 年	2018 年	2019 年	2017 年	2018 年	2019 年	2017 年	2018 年	2019 年	2017 年	2018 年	2019 年
35	西部地区	四川省	3329	3702	965	45	53	44	3261	3637	900	23	12	21
36		成都市	100	0	0	1	0	0	93	0	0	6	0	0
37		贵州省	144	65	220	36	13	61	108	50	156	0	2	3
38		云南省	1224	577	842	80	53	53	1109	514	777	35	10	12
39		西藏自治区	35	38	26	6	7	4	29	22	22	0	9	0
40		陕西省	3178	3218	3048	154	161	185	2982	3010	2822	42	47	41
41		西安市	204	31	120	42	4	27	147	24	93	15	3	0
42		甘肃省	1070	1176	1479	371	297	504	653	844	922	46	35	53
43		青海省	510	518	545	114	103	124	372	393	401	24	22	20
44		宁夏回族自治区	267	168	233	71	45	53	176	112	167	20	11	13
45		新疆维吾尔自治区	240	311	317	22	45	65	208	252	237	10	14	15
		西部小计	16293	14354	13320	1814	1248	1830	14171	12850	11150	308	256	340
		地方合计	48953	53869	61534	5090	5052	5715	42768	47698	54473	1095	1119	1346

附表5　2017—2019年科技成果来源分布

单位：项

课题来源	全国			地方			部门		
	2017 年	2018 年	2019 年	2017 年	2018 年	2019 年	2017 年	2018 年	2019 年
国家科技计划	6829	6543	5691	5016	4729	4581	1813	1814	1110
其中：国家自然科学基金	3219	3415	2761	2326	2462	2046	893	953	715
国家科技重大专项	468	497	308	374	390	252	94	107	56
国家重点研发计划	—	—	56	—	—	31	—	—	25
技术创新引导计划	—	—	9	—	—	9	—	—	0
基地和人才专项	—	—	8	—	—	2	—	—	6
重点基础研究发展计划（973计划）	209	242	461	115	128	446	94	114	15
高技术研究发展计划（863计划）	408	359	238	286	226	209	122	133	29
国家科技支撑计划	805	624	367	654	436	313	151	188	54
国家重大科学研究计划	—	—	43	—	—	35	—	—	8
星火计划	72	74	34	67	68	34	5	6	0
火炬计划	75	49	27	68	46	26	7	3	1
科技惠民计划	—	—	7	—	—	6	—	—	1
国家重点新产品计划	32	19	13	29	17	13	3	2	0
国家软科学研究计划	40	116	48	33	98	47	7	18	1
国际科技合作专项	86	203	146	70	165	137	16	38	9
中欧中小企业节能减排科研合作资金	—	—	0	—	—	0	—	—	0
创新人才推进计划	—	—	2	—	—	2	—	—	0
国家重点实验室	17	17	20	12	14	18	5	3	2
科技基础条件平台	—	—	2	—	—	2	—	—	0
国家工程技术研究中心	4	15	9	4	12	7	0	3	2
科技型中小企业技术创新基金	307	150	84	303	144	83	4	6	1
科研院所技术开发研究专项资金	79	93	45	50	72	33	29	21	12
农业科技成果转化资金	105	74	49	94	68	47	11	6	2
科技富民强县专项行动计划	25	12	6	24	11	6	1	1	0
科技基础性工作专项	42	55	54	26	31	36	16	24	18
国家磁约束核聚变能发展研究专项	—	—	1	—	—	1	—	—	0
重大科学仪器设备开发专项	15	17	24	11	9	19	4	8	5
国家其他科技计划	821	512	869	470	332	721	351	180	148
部门计划	8008	8648	4998	2251	2157	2470	5757	6491	2528
地方计划	14537	15470	17801	14045	14940	17303	492	530	498
部门基金	566	630	579	469	547	486	97	83	93
地方基金	3275	2211	2140	3143	2068	1996	132	143	144
民间基金	50	105	75	45	101	71	5	4	4
国际合作	106	133	96	92	120	70	14	13	26
横向委托	642	582	635	507	458	486	135	124	149
自选	18625	25186	32292	17663	23779	30969	962	1407	1323
其他	7154	6212	4255	5722	4970	3102	1432	1242	1153

附表 6　2019 年东、中、西部地区成果来源构成

单位：%

课题来源	东部	中部	西部
国家科技计划	10.36	3.16	10.37
其中：国家自然科学基金	4.90	1.62	3.75
国家科技重大专项	0.74	0.12	0.37
国家重点研发计划	0.06	0.05	0.03
技术创新引导计划	0.01	0.02	0.02
基地和人才专项	0.01	0.01	0
重点基础研究发展计划 (973 计划)	0.41	0.05	2.54
高技术研究发展计划 (863 计划)	0.64	0.17	0.12
国家科技支撑计划	0.74	0.18	0.72
国家重大科学研究计划	0.08	0.01	0.11
星火计划	0.04	0.05	0.08
火炬计划	0.09	0.01	0.03
科技惠民计划	0.02	0	0.01
国家重点新产品计划	0.03	0.01	0.03
国家软科学研究计划	0.08	0.03	0.15
国际科技合作专项	0.39	0.05	0.25
中欧中小企业节能减排科研合作资金	0	0	0
创新人才推进计划	0	0	0.01
国家重点实验室	0.03	0.01	0.05
科技基础条件平台	0.01	0	0.01
国家工程技术研究中心	0.02	0	0.02
科技型中小企业技术创新基金	0.18	0.08	0.17
科研院所技术开发研究专项资金	0.06	0.02	0.10
农业科技成果转化资金	0.08	0.05	0.13
科技富民强县专项行动计划	0.01	0	0.02
科技基础性工作专项	0.09	0.01	0.10
国家磁约束核聚变能发展研究专项	0.01	0	0
重大科学仪器设备开发专项	0.04	0.01	0.05
国家其他科技计划	1.59	0.60	1.50
部门计划	6.39	1.90	3.81
地方计划	44.94	12.93	27.09
部门基金	1.14	0.50	0.73
地方基金	4.49	1.59	4.16
民间基金	0.10	0.12	0.13
国际合作	0.11	0.05	0.23
横向委托	1.08	0.52	0.80
自选	25.97	74.13	48.42
其他	5.42	5.10	4.26

附表7　2019年主要经济地带科技成果来源构成

单位:%

课题来源	珠三角	环渤海	长三角	东北
国家科技计划	6.77	13.92	8.01	11.65
其中:国家自然科学基金	4.27	6.93	2.94	6.55
国家科技重大专项	0.42	0.69	0.95	0.43
国家重点研发计划	0	0.16	0	0.04
技术创新引导计划	0	0.01	0	0.08
基地和人才专项	0	0.01	0	0
重点基础研究发展计划 (973 计划)	0.10	0.57	0.37	0.16
高技术研究发展计划 (863 计划)	0.21	0.75	0.75	1.28
国家科技支撑计划	0.16	1.15	0.57	0.62
国家重大科学研究计划	0	0.19	0	0.08
星火计划	0	0.05	0.06	0.08
火炬计划	0	0.04	0.19	0.04
科技惠民计划	0	0.02	0.02	0
国家重点新产品计划	0.03	0.03	0.04	0.04
国家软科学研究计划	0.05	0.09	0.06	0.23
国际科技合作专项	0.31	0.31	0.50	0.27
中欧中小企业节能减排科研合作资金	0	0	0	0
创新人才推进计划	0	0	0	0
国家重点实验室	0	0.03	0.05	0.04
科技基础条件平台	0	0	0.01	0
国家工程技术研究中心	0.08	0.01	0	0
科技型中小企业技术创新基金	0.28	0.15	0.15	0.19
科研院所技术开发研究专项资金	0	0.05	0.09	0.16
农业科技成果转化资金	0.05	0.07	0.10	0.04
科技富民强县专项行动计划	0	0.01	0.02	0
科技基础性工作专项	0.16	0.09	0.04	0.08
国家磁约束核聚变能发展研究专项	0	0.01	0	0
重大科学仪器设备开发专项	0.03	0.06	0.03	0.04
国家其他科技计划	0.62	2.44	1.07	1.20
部门计划	2.43	9.03	5.39	5.78
地方计划	59.65	32.78	52.19	54.34
部门基金	0.18	1.33	1.26	1.32
地方基金	2.84	4.41	4.71	5.82
民间基金	0.05	0.14	0.10	0.19
国际合作	0.05	0.15	0.08	0.11
横向委托	0.70	1.12	1.07	1.90
自选	24.85	29.98	22.22	16.56
其他	2.48	7.14	4.97	2.33

附表 8　2019 年东、中、西部地区高新技术成果比例分布

单位:%

	高新技术领域	地方	东部	中部	西部
自然、生态、环境领域	生物医药与医疗器械	14.96	17.97	11.64	15.98
	新能源与节能	6.04	6.06	6.32	5.36
	环境保护	5.76	5.71	5.52	6.41
	地球、空间与海洋	1.80	2.49	0.80	2.56
	合计	28.56	32.23	24.28	30.31
非自然、生态、环境领域	电子信息	14.14	12.72	15.65	13.78
	先进制造	25.72	23.53	31.48	17.31
	航空航天	0.89	0.83	0.85	1.09
	现代交通	2.33	3.27	1.63	1.91
	新材料	14.60	16.67	15.18	8.72
	核应用技术	0.12	0.14	0.04	0.26
	现代农业	13.64	10.61	10.89	26.62
	合计	71.44	67.77	75.72	69.69

附表 9　2019 年主要经济地带高新技术成果比例分布

单位:%

	高新技术领域	环渤海	长三角	珠三角	东北
自然、生态、环境领域	生物医药与医疗器械	26.01	11.96	17.31	40.18
	新能源与节能	7.32	4.65	7.73	3.63
	环境保护	6.56	4.45	6.69	4.19
	地球、空间与海洋	5.27	0.76	1.63	1.54
	合计	45.16	21.82	33.36	49.54
非自然、生态、环境领域	电子信息	12.59	10.04	20.30	8.73
	先进制造	14.28	34.55	13.65	12.16
	航空航天	0.86	0.95	0.59	0.49
	现代交通	5.36	1.68	2.94	2.52
	新材料	9.05	24.96	11.44	5.94
	核应用技术	0.18	0.11	0.13	0.14
	现代农业	12.52	5.89	17.59	20.48
	合计	54.84	78.18	66.64	50.46

附表10 2017—2019 年高新技术成果比例分布

单位:%

高新技术		全国			地方			部门		
		2017 年	2018 年	2019 年	2017 年	2018 年	2019 年	2017 年	2018 年	2019 年
自然、生态、环境领域	生物医药与医疗器械	17.30	15.92	14.42	17.71	16.27	14.96	12.22	10.29	4.09
	新能源与节能	6.93	7.24	6.61	6.50	6.61	6.04	12.14	17.33	17.59
	环境保护	5.65	5.72	6.08	5.28	5.33	5.76	10.12	11.84	12.21
	地球、空间与海洋	2.74	1.93	2.05	1.51	1.58	1.80	17.74	7.48	6.89
	合计	32.62	30.81	29.16	31.00	29.79	28.56	52.22	46.94	40.78
非自然、生态、环境领域	电子信息	14.48	12.85	14.42	14.18	12.40	14.14	18.19	20.15	19.90
	先进制造	22.46	27.70	25.26	23.71	28.55	25.72	7.29	14.03	16.24
	航空航天	0.73	0.68	0.90	0.73	0.67	0.89	0.82	0.87	1.08
	现代交通	2.52	2.32	2.32	2.49	2.26	2.33	2.92	3.35	2.04
	新材料	11.55	13.30	14.39	11.75	13.68	14.60	9.10	7.23	10.33
	核应用技术	0.33	0.33	0.33	0.29	0.25	0.12	0.82	1.65	4.41
	现代农业	15.31	12.01	13.22	15.85	12.40	13.64	8.64	5.78	5.22
	合计	67.38	69.19	70.84	69.00	70.21	71.44	47.78	53.06	59.22

附表 11　应用行业、高新技术领域、不同类型完成单位的成果应用比例分布

单位:%

成果应用行业	产业化应用	应用后停用	未应用	小批量或小范围应用	试用	合计
农、林、牧、渔业	40.55	0.35	8.54	36.88	13.68	100
采矿业	57.02	0.45	6.19	28.28	8.06	100
制造业	59.02	0.25	8.88	25.14	6.71	100
电力、热力、燃气及水的生产和供应业	48.67	0.41	13.48	27.76	9.68	100
建筑业	39.56	0.18	13.20	37.95	9.11	100
交通运输、仓储和邮政业	51.31	0.11	9.88	29.20	9.50	100
批发和零售业	77.25	0	6.64	12.32	3.79	100
金融业	66.04	0	1.12	25.00	7.84	100
房地产业	64.51	0	5.38	23.66	6.45	100
信息传输、软件和信息技术服务业	32.73	0.26	31.77	24.07	11.17	100
住宿和餐饮业	43.81	0	23.81	23.81	8.57	100
租赁和商务服务业	33.33	0	25.93	25.93	14.81	100
科学研究和技术服务业	28.21	0.09	18.41	38.11	15.18	100
水利、环境和公共设施管理业	40.70	0.31	10.18	39.36	9.45	100
居民服务、修理和其他服务业	26.14	0	39.42	26.97	7.47	100
教育	39.12	0	19.39	26.87	14.62	100
卫生和社会工作	18.72	0.13	12.37	55.13	13.65	100
文化、体育和娱乐业	50.55	0	17.95	24.54	6.96	100
公共管理、社会保障和社会组织	34.09	0.38	7.72	37.85	19.96	100
国际组织	62.50	0	0	12.50	25.00	100
高新技术领域	产业化应用	应用后停用	未应用	小批量或小范围应用	试用	合计
电子信息	51.21	0.21	7.35	29.76	11.47	100
先进制造	61.57	0.19	6.86	24.46	6.92	100
航空航天	54.60	0	3.86	37.09	4.45	100
现代交通	48.96	0.23	5.19	33.18	12.44	100
生物医药与医疗器械	31.57	0.17	14.83	40.57	12.86	100
新材料	68.64	0.11	6.18	17.55	7.52	100
新能源与节能	54.44	0.16	7.34	27.02	11.04	100
环境保护	50.86	0.13	9.21	30.32	9.48	100
地球、空间与海洋	47.20	0	7.95	36.51	8.34	100
核应用技术	29.03	0	41.94	24.19	4.84	100
现代农业	41.67	0.04	6.93	37.87	13.49	100

（续）

单位属性	产业化应用	应用后停用	未应用	小批量或小范围应用	试用	合计
独立科研机构	30.85	0.42	12.76	40.25	15.72	100
大专院校	22.37	0.16	41.07	20.71	15.69	100
企业	58.13	0.23	6.72	28.16	6.76	100
其中：国有企业	52.40	0.21	7.88	32.81	6.70	100
集体企业	50.00	0	7.14	35.72	7.14	100
股份合作企业	78.65	0	2.08	15.62	3.65	100
联营企业	67.65	0	0	32.35	0	100
有限责任公司	57.87	0.22	6.88	28.91	6.12	100
股份有限公司	66.95	0.21	2.92	23.08	6.84	100
私营企业	56.90	0.38	7.56	26.38	8.78	100
个体经济	43.53	0	4.71	38.82	12.94	100
港、澳、台商投资企业	76.21	0.44	0.88	19.83	2.64	100
外商投资企业	64.46	0	0.60	12.65	22.29	100
其他企业	47.08	0	8.75	35.21	8.96	100
医疗机构	15.58	0.07	10.85	60.19	13.31	100
其他	43.53	0.29	20.85	26.00	9.33	100

附表 12　应用行业、高新技术领域、不同类型完成单位的成果未应用及应用后停用比例分布

单位:%

应用行业	资金问题	技术问题	市场问题	管理问题	政策因素	合计
农、林、牧、渔业	45.90	18.39	17.17	13.53	5.01	100
采矿业	21.25	6.25	30.00	16.25	26.25	100
制造业	43.39	17.82	14.17	22.48	2.14	100
电力、热力、燃气及水的生产和供应业	26.81	11.53	17.96	42.36	1.34	100
建筑业	20.33	17.27	54.32	6.41	1.67	100
交通运输、仓储和邮政业	35.75	6.15	18.44	36.87	2.79	100
批发和零售业	28.57	21.43	28.57	21.43	0	100
金融业	100.00	0	0	0	0	100
房地产业	40.00	20.00	0	40.00	0	100
信息传输、软件和信息技术服务业	30.41	15.28	11.73	40.54	2.04	100
住宿和餐饮业	76.00	12.00	12.00	0	0	100
租赁和商务服务业	0	0	0	0	0	0
科学研究和技术服务业	26.65	28.05	22.82	18.12	4.36	100
水利、环境和公共设施管理业	47.27	20.61	15.76	13.33	3.03	100
居民服务、修理和其他服务业	76.00	8.00	10.67	5.33	0	100
教育	67.27	18.18	9.09	3.64	1.82	100
卫生和社会工作	28.68	32.69	8.44	24.13	6.06	100
文化、体育和娱乐业	59.18	8.16	20.41	12.25	0	100
公共管理、社会保障和社会组织	30.00	20.00	7.50	40.00	2.50	100
国际组织	0	0	0	0	0	0
高新技术领域	资金问题	技术问题	市场问题	管理问题	政策因素	合计
电子信息	54.04	16.16	11.36	13.64	4.80	100
先进制造	49.01	10.76	15.40	23.01	1.82	100
航空航天	23.08	53.85	15.38	7.69	0	100
现代交通	35.56	13.33	33.33	15.56	2.22	100
生物医药与医疗器械	26.00	35.37	11.75	20.38	6.50	100
新材料	42.76	25.17	20.00	7.93	4.14	100
新能源与节能	41.30	18.48	18.48	19.02	2.72	100
环境保护	46.29	22.86	20.00	9.14	1.71	100
地球、空间与海洋	13.34	8.33	33.33	15.00	30.00	100
核应用技术	1.92	11.54	84.62	0	1.92	100
现代农业	43.64	20.00	17.57	13.03	5.76	100

（续）

单位属性	资金问题	技术问题	市场问题	管理问题	政策因素	合计
独立科研机构	33.53	24.94	21.69	15.55	4.29	100
大专院校	33.36	15.98	13.48	35.50	1.68	100
企业	41.23	16.92	23.20	15.68	2.97	100
其中：国有企业	13.79	16.86	39.85	26.44	3.06	100
集体企业	0	0	100.00	0	0	100
股份合作企业	50.00	0	0	50.00	0	100
联营企业	0	0	0	0	0	0
有限责任公司	53.18	18.26	14.23	12.92	1.41	100
股份有限公司	29.27	22.76	21.95	13.01	13.01	100
私营企业	40.95	13.65	29.08	11.87	4.45	100
个体经济	25.00	25.00	0	25.00	25.00	100
港、澳、台商投资企业	0	0	50.00	0	50.00	100
外商投资企业	0	0	0	0	100.00	100
其他企业	57.14	22.86	8.57	8.57	2.86	100
医疗机构	26.52	38.68	5.41	23.14	6.25	100
其他	42.90	14.50	9.17	22.78	10.65	100

附表 13　不同课题来源科技成果的应用情况统计

单位:%

课题来源	产业化应用	应用后停用	未应用	小批量或小范围应用	试用	合计
国家科技计划	49.91	0.07	10.68	29.03	10.31	100
其中:国家自然科学基金	35.63	0	21.50	32.12	10.75	100
国家科技重大专项	56.87	0	2.29	31.30	9.54	100
国家重点研发计划	39.13	2.17	2.18	21.74	34.78	100
技术创新引导计划	44.45	0	11.11	33.33	11.11	100
基地和人才专项	25.00	0	50.00	25.00	0	100
重点基础研究发展计划 (973 计划)	40.12	0	15.11	20.35	24.42	100
高技术研究发展计划 (863 计划)	66.95	0	0.86	27.04	5.15	100
国家科技支撑计划	66.12	0	4.07	24.12	5.69	100
国家重大科学研究计划	89.47	0	0	0	10.53	100
星火计划	63.64	0	12.12	21.21	3.03	100
火炬计划	55.00	2.50	10.00	32.50	0	100
科技惠民计划	0	0	14.28	71.43	14.29	100
国家重点新产品计划	71.43	0	7.14	21.43	0	100
国家软科学研究计划	41.67	0	0	50.00	8.33	100
国际科技合作专项	43.70	0	14.28	27.73	14.29	100
中欧中小企业节能减排科研合作资金	0	0	0	0	0	0
创新人才推进计划	50.00	0	50.00	0	0	100
国家重点实验室	50.00	0	7.14	14.29	28.57	100
科技基础条件平台	100.00	0	0	0	0	100
国家工程技术研究中心	90.91	0	9.09	0	0	100
科技型中小企业技术创新基金	60.68	0	0	29.21	10.11	100
科研院所技术开发研究专项资金	45.45	0	6.82	29.55	18.18	100
农业科技成果转化资金	66.00	0	4.00	20.00	10.00	100
科技富民强县专项行动计划	66.66	0	0	16.67	16.67	100
科技基础性工作专项	60.00	0	20.00	0	20.00	100
国家磁约束核聚变能发展研究专项	0	0	0	100.00	0	100
重大科学仪器设备开发专项	63.64	0	0	31.82	4.54	100
国家其他科技计划	49.35	0	5.51	36.22	8.92	100
部门计划	43.16	0.24	7.72	34.62	14.26	100
地方计划	45.21	0.26	8.20	34.70	11.63	100
部门基金	31.71	0	14.29	38.00	16.00	100
地方基金	20.74	0.10	24.52	37.49	17.15	100
国际合作	25.40	0	11.11	39.68	23.81	100
横向委托	55.73	0.18	3.70	34.57	5.82	100
民间基金	42.86	0	7.14	31.43	18.57	100
自选课题	44.93	0.28	14.65	31.63	8.51	100
其他	46.17	0.09	7.83	35.25	10.66	100

附表 14 不同课题来源科技成果未应用及应用后停用原因比例分布

单位:%

课题来源	资金问题	技术问题	市场问题	管理问题	政策因素	合计
国家科技计划	26.12	34.39	20.06	13.06	6.37	100
其中:国家自然科学基金	23.86	40.91	24.43	7.39	3.41	100
国家科技重大专项	66.67	33.33	0	0	0	100
国家重点研发计划	0	50.00	50.00	0	0	100
技术创新引导计划	0	0	100.00	0	0	100
基地和人才专项	50.00	0	0	0	50.00	100
重点基础研究发展计划 (973 计划)	23.08	46.15	11.54	7.69	11.54	100
高技术研究发展计划 (863 计划)	0	50.00	50.00	0	0	100
国家科技支撑计划	53.33	0	26.67	13.33	6.67	100
国家重大科学研究计划	0	0	0	0	0	0
星火计划	0	0	0	100.00	0	100
火炬计划	40.00	20.00	0	0	40.00	100
科技惠民计划	0	0	100.00	0	0	100
国家重点新产品计划	0	0	0	0	0	0
国家软科学研究计划	0	0	0	100.00	0	100
国际科技合作专项	47.06	29.41	5.88	17.65	0	100
中欧中小企业节能减排科研合作资金	0	0	0	0	0	0
创新人才推进计划	0	100.00	0	0	0	100
国家重点实验室	0	0	100.00	0	0	100
科技基础条件平台	0	0	0	0	0	0
国家工程技术研究中心	0	0	0	100.00	0	100
科技型中小企业技术创新基金	0	0	0	0	0	0
科研院所技术开发研究专项资金	0	66.67	0	33.33	0	100
农业科技成果转化资金	0	0	50.00	50.00	0	100
科技富民强县专项行动计划	0	0	0	0	0	0
科技基础性工作专项	0	60.00	0	40.00	0	100
国家磁约束核聚变能发展研究专项	0	0	0	0	0	0
重大科学仪器设备开发专项	0	0	0	0	0	0
国家其他科技计划	21.74	8.69	17.39	26.09	26.09	100
部门计划	19.23	23.93	32.05	16.24	8.55	100
地方计划	34.67	28.32	12.55	17.30	7.16	100
部门基金	22.00	38.00	20.00	10.00	10.00	100
地方基金	18.95	37.10	6.85	33.87	3.23	100
国际合作	42.86	42.86	0	14.28	0	100
横向委托	22.73	31.82	27.27	13.64	4.54	100
民间基金	0	0	0	0	0	0
自选课题	38.78	14.51	17.28	28.07	1.36	100
其他	27.17	15.03	8.67	39.30	9.83	100

附表 15 不同课题来源成果转化形式比例分布

单位:%

课题来源	技术转让或许可	自我转化	合作转化	合计
国家科技计划	11.27	47.32	41.41	100
其中:国家自然科学基金	12.77	34.42	52.81	100
国家科技重大专项	10.36	62.18	27.46	100
国家重点研发计划	3.70	74.08	22.22	100
技术创新引导计划	0	100.00	0	100
基地和人才专项	33.34	33.33	33.33	100
重点基础研究发展计划 (973 计划)	24.04	50.00	25.96	100
高技术研究发展计划 (863 计划)	9.70	45.45	44.85	100
国家科技支撑计划	11.32	44.53	44.15	100
国家重大科学研究计划	21.74	56.52	21.74	100
星火计划	17.39	43.48	39.13	100
火炬计划	8.33	66.67	25.00	100
科技惠民计划	0	50.00	50.00	100
国家重点新产品计划	0	77.78	22.22	100
国家软科学研究计划	5.26	52.63	42.11	100
国际科技合作专项	7.06	58.82	34.12	100
中欧中小企业节能减排科研合作资金	0	0	0	0
创新人才推进计划	0	100.00	0	100
国家重点实验室	27.27	18.18	54.55	100
科技基础条件平台	0	0	100.00	100
国家工程技术研究中心	25.00	50.00	25.00	100
科技型中小企业技术创新基金	2.90	89.95	7.25	100
科研院所技术开发研究专项资金	9.37	56.25	34.38	100
农业科技成果转化资金	9.52	45.24	45.24	100
科技富民强县专项行动计划	0	40.00	60.00	100
科技基础性工作专项	0	59.09	40.91	100
国家磁约束核聚变能发展研究专项	0	0	0	0
重大科学仪器设备开发专项	21.05	63.16	15.79	100
国家其他科技计划	11.24	47.29	41.47	100
部门计划	9.43	60.76	29.81	100
地方计划	7.07	74.35	18.58	100
部门基金	9.96	48.48	41.56	100
地方基金	17.05	50.63	32.32	100
国际合作	5.88	47.06	47.06	100
横向委托	9.14	39.69	51.17	100
民间基金	9.80	76.47	13.73	100
自选课题	3.25	91.05	5.70	100
其他	7.61	71.09	21.30	100

附表16　不同课题来源科技成果技术转让情况

课题来源	应用技术成果数	技术转让与许可收入（万元）	已转让企业（家）	平均每项成果转让的企业（家／项）	平均每项成果的技术转让收入（万元／项）
国家科技计划	2944	138246	590	0.20	46.96
其中：国家自然科学基金	842	13711	103	0.12	16.28
国家科技重大专项	264	15985	44	0.17	60.55
国家重点研发计划	46	855	8	0.17	18.59
技术创新引导计划	9	0	0	0	0
基地和人才专项	4	0	0	0	0
重点基础研究发展计划（973计划）	169	395	21	0.12	2.34
高技术研究发展计划（863计划）	221	56554	55	0.25	255.90
国家科技支撑计划	350	10495	136	0.39	29.99
国家重大科学研究计划	31	3300	8	0.26	106.45
星火计划	33	120	5	0.15	3.64
火炬计划	27	3140	30	1.11	116.30
科技惠民计划	7	0	0	0	0
国家重点新产品计划	12	0	6	0.50	0
国家软科学研究计划	25	20	1	0.04	0.80
国际科技合作专项	119	28069	32	0.27	235.87
中欧中小企业节能减排科研合作资金	0	0	0	0	0
创新人才推进计划	2	0	0	0	0
国家重点实验室	14	0	6	0.43	0
科技基础条件平台	1	0	0	0	0
国家工程技术研究中心	8	0	0	0	0
科技型中小企业技术创新基金	82	200	3	0.04	2.44
科研院所技术开发研究专项资金	38	0	0	0	0
农业科技成果转化资金	49	1217	5	0.10	24.84
科技富民强县专项行动计划	6	0	0	0	0
科技基础性工作专项	34	0	0	0	0
国家磁约束核聚变能发展研究专项	1	0	0	0	0
重大科学仪器设备开发专项	22	185	55	2.50	8.41
国家其他科技计划	528	4000	72	0.14	7.58
部门计划	2985	46943	266	0.09	15.73
地方计划	14946	424290	3035	0.20	28.39
部门基金	355	1870	10	0.03	5.27
地方基金	1018	3586	45	0.04	3.52
国际合作	63	0	0	0	0
横向委托	570	34719	133	0.23	60.91
民间基金	72	25	0	0	0.35
自选课题	31686	313440	2032	0.06	9.89
其他	2902	10059	272	0.09	3.47

统计说明

1. **数据来源**：本年度报告的数据来自于 31 个省、自治区、直辖市，11 个计划单列市及副省级城市，以及 29 个国务院有关部门、行业协会、中央企事业的科技成果管理机构，是经过登记、统计的数据。

2. **经济领域包括以下行业**：农、林、牧、渔业，采矿业，制造业，电力、热力、燃气及水生产和供应业，建筑业，交通运输、仓储和邮政业，信息传输、软件和信息技术服务业，批发和零售业，住宿和餐饮业，金融业，房地产业，租赁和商务服务业；

社会领域包括以下行业：科学研究和技术服务业，水利、环境和公共设施管理业，居民服务、修理和其他服务业，教育业，卫生和社会工作，文化、体育和娱乐业，公共管理、社会保障和社会组织，国际组织。

三大产业的划分：第一产业包括农、林、牧、渔业；第二产业包括采矿业，制造业，电力、热力、燃气及水生产和供应业，建筑业；第一、第二产业外的其他行业为第三产业。

3. **东部地区包括**：北京市、天津市、河北省、辽宁省、沈阳市、大连市、上海市、江苏省、南京市、浙江省、杭州市、宁波市、福建省、厦门市、山东省、济南市、青岛市、广东省、广州市、深圳市、海南省；

中部地区包括：山西省、吉林省、长春市、黑龙江省、哈尔滨市、安徽省、江西省、河南省、湖北省、武汉市、湖南省；

西部地区包括：重庆市、四川省、成都市、贵州省、云南省、广西壮族自治区、西藏自治区、陕西省、西安市、甘肃省、青海省、宁夏回族自治区、内蒙古自治区、新疆维吾尔族自治区、新疆生产建设兵团。

4. **经济地带的含义**

东北：黑龙江省、哈尔滨市、吉林省、长春市、辽宁省、沈阳市、大连市；

环渤海：北京市、天津市、河北省、山东省、济南市、青岛市、辽宁省、沈阳市、大连市；

长三角：上海市、江苏省、南京市、浙江省、杭州市、宁波市；

珠三角：广东省、广州市、深圳市。

5. **科技成果的含义**：符合《科技成果登记办法》中规定的登记条件，经过省部一级科技成果管理部门审查、登记，包括 R&D 项目和技术改造项目，包括国家科技计划项目和研究主体的自发项目，对项目的投资规模没有限定。

6. **科技成果的经费投入**：是指科研项目从开始到登记成果期间，涉及项目在研究、开发、应用和推广过程中实际投入的全部资金。

7. **高新技术领域分类**：依照《国家高新技术产品目录》。

8. **行业分类**：依照《国民经济行业分类》(GB/T4754-2017) 进行行业分类。

9. **国家科技计划项目**：指正式列入国家科技计划的项目，包括："十三五计划"：国家自然科学基金、国家科技重大专项、国家重点研发计划、技术创新引导计划、基地和人才专项，以及"以往计划":国家重点基础研究发展计划(973 计划)、国家高技术研究发展计划(863 计划)、国家科技支撑计划、国家重大科学研究计划、星火计划、火炬计划、科技惠民计划、国家重点新产品计划、国家软科学研究计划、国际科技合作专项、中欧中小企业节能减排科研合作资金、创新人才推进计划、国家重点实验室、国家科技基础条件平台、国家工程技术研究中心、科技型中小企业技术创新基金、科研院所技术开发研究专项资金、农业科技成果转化资金、科技富民强县专项行动计划、科技基础性工作专项、国家磁约束核聚变能发展研究专项、国家重大科学仪器设备开发专项、国家其他科技计划等。

10.**部门计划项目**:指国家科技计划项目以外,列入国务院有关各部门的科技计划项目。

11.**地方计划项目**:指国家科技计划项目以外,列入省、自治区、直辖市、计划单列市、副省级城市的科技计划。

12.**部门基金项目**:指国务院各有关部门的自然科学基金等的项目。

13.**地方基金项目**:指地方自然科学基金、青年基金、风险基金、智力引进基金等。